# 锑烯量子片的绿色制备
# 及其在有机光电器件中的应用

王志元　著

彩图资源

U0253543

北　京
冶金工业出版社
2024

## 内 容 提 要

本书针对锑烯量子片的绿色制备工艺、结构与性能表征及其在光电器件中的应用进行了系统的梳理和研究。具体内容包括：锑烯和锑烯量子片材料的绿色制备工艺及其结构特征和光电性能表征、锑烯量子片在有机太阳能电池活性层和界面修饰层中的应用、锑烯量子片对器件性能的影响机理、锑烯量子片对有机发光二极管空穴注入层能级的调控和锑烯量子片的光限幅特性。

本书可作为新型二维光伏材料制备与表征、有机光电器件等方向的研究生或科研人员参考用书。

### 图书在版编目 ( CIP ) 数据

锑烯量子片的绿色制备及其在有机光电器件中的应用 / 王志元著 . --北京：冶金工业出版社，2024. 8.
ISBN 978-7-5024-9948-8

Ⅰ. TN204；TN15

中国国家版本馆 CIP 数据核字第 2024N0A393 号

**锑烯量子片的绿色制备及其在有机光电器件中的应用**

| | | | | |
|---|---|---|---|---|
| **出版发行** | 冶金工业出版社 | | **电　话** | (010) 64027926 |
| **地　址** | 北京市东城区嵩祝院北巷 39 号 | | **邮　编** | 100009 |
| **网　址** | www. mip1953. com | | **电子信箱** | service@ mip1953. com |

责任编辑　张佳丽　美术编辑　吕欣童　版式设计　郑小利
责任校对　梁江凤　责任印制　窦　唯
三河市双峰印刷装订有限公司印刷
2024 年 8 月第 1 版，2024 年 8 月第 1 次印刷
710mm×1000mm　1/16；10. 5 印张；181 千字；160 页
**定价 79. 00 元**

投稿电话　(010) 64027932　投稿信箱　tougao@ cnmip. com. cn
营销中心电话　(010) 64044283
冶金工业出版社天猫旗舰店　yjgycbs. tmall. com
(本书如有印装质量问题，本社营销中心负责退换)

# 前　　言

有机光电器件由于其廉价、柔性、易于大规模制备等优点，近年来得到了人们的广泛关注。但是，与硅基和钙钛矿光电器件相比，有机光电器件的效率仍相对较低。有机活性材料低的载流子迁移率及其有限的激子解离能力是造成有机光电器件低效的两个主要原因。在器件结构中插入界面修饰层或在器件活性层中掺杂具有高载流子迁移率的二维材料有助于改善器件的电荷传输能力、激子解离能力和吸光度较弱等问题。在众多二维光电材料中，锑烯具有稳定的结构、1.0 eV左右的带隙、优异的电学性能和光学性能，有望应用于有机光电器件中以改善器件的电荷传输能力和激子解离能力。但目前锑烯的绿色高效制备及形貌结构调控仍面临着较大的挑战。

本书主要介绍了锑烯的绿色制备及其在有机光电器件中的应用。通过一种绿色高效的方法制备出了分散性良好的锑烯量子片，利用其改善了有机太阳能电池和有机发光二极管的性能，并探究了锑烯量子片对有机太阳能电池和有机发光二极管性能的影响机制，以及锑烯量子片的非线性光学特性，为开发高效、低成本的有机光电器件提供了材料基础与理论依据。

全书共分7章，第1章为绪论，主要介绍有机太阳能电池的发展历程与现状，有机太阳能电池和有机发光二极管的基本结构、工作原理与主要性能参数，二维材料的分类、光电性能与制备方法，以及二维材料在有机光电器件中的应用；第2章介绍锑烯的绿色制备工艺及其结构特征和光电性能；第3章介绍锑烯量子片的绿色制备工艺及其结构特征和光电性能；第4章和第5章分别介绍锑烯量子片在有机太阳能电池活性层和界面修饰层中的应用，并分析了其对器件性能的影响机理；第 6 章介绍锑烯量子片对有机发光二极管空穴注入层能级的调控；第 7 章介绍锑烯量子片的光限幅特性。

本书的出版得到山西省基础研究计划资助项目（20210302124228）的支持，在此表示感谢。

本书在撰写过程中，参考了有关文献资料，在此向有关文献资料作者表示感谢。

由于作者水平有限，书中不足之处，恳请读者批评指正。

作　者

2024 年 4 月

# 目　　录

# 1 绪 论

## 1.1 有机光电器件简介

有机材料的发展史可以追溯到 19 世纪。1806 年，瑞典化学家 J. J. Berzelius 首次提出了有机化合物这一名词。1828 年之前，人们认为这些有机化合物质如尿素等只能由存活的生物体提供，而不能由无机化合物在实验室中合成。但是，德国化学家维勒于 1828 年在实验室中完全撇开生物体成功合成了有机化合物尿素，有机化合物这一概念被扩展为包括非生物体在内的含碳结构的物质[1]。1920 年，德国化学家 H. Staudinger 提出了高分子的长链结构，使有机材料被区分为了小分子和高分子，并形成了高分子的概念。1953 年，H. Staudinger 因此项工作获得了诺贝尔化学奖。20 年后，关于有机半导体材料的研究也相继展开。

自从 20 世纪科学家们发现有机半导体、有机导体和有机超导体以来，有机电子学迎来了大发展。诺贝尔奖作为现代科学发展的里程碑也见证了有机电子学的发展史。1977 年，A. J. Heeger 等首次合成了导电高分子聚合物聚乙炔，揭示了有机材料导电的事实[2]：经过适当掺杂，有机高分子是可以导电的。而高分子导电的必要条件是在碳原子之间必须存在交替的单—双键（即 π 共轭键）结构。掺杂导电的本质是材料分子被氧化而产生空穴，或被还原产生电子，这些空穴或电子可以在材料介质中沿分子运动，从而导电。A. J. Heeger 等因此工作获得了 2000 年的诺贝尔化学奖。2010 年，安德烈·盖姆和诺沃肖罗夫因石墨烯开创性工作获得了诺贝尔物理学奖。10 年两个诺贝尔奖见证了有机电子学从热点走向焦点。同时有机光电器件也走进了人们的视野中。

近几十年来，在传统无机光电半导体材料和器件的不断发展成熟和广泛应用的基础上，人们进一步加深了对有机光电半导体材料和器件的认识，关于它们的研究与应用也逐步得到了国内外学术界的关注，其中有多方面的原因，原因之一是发现有机半导体具有许多优于无机半导体的性能，例如：

（1）无机材料的电子性能目前已经发展到了瓶颈期，继续提高性能、减小尺寸、压缩制备成本等都非常困难。

（2）与无机硅和锗半导体相比，有机材料种类众多，其功能可通过化学合成或修饰等手段得到无限量的调控，例如，有机材料的发射光谱可以涵盖整个可见光区域，甚至可以延伸至紫外区和近红外区。同时，有机材料相对廉价，可以大幅降低器件的制备成本。

（3）有机材料在可见光区域有很好的光吸收特性，这使得有机光伏器件的活性层可以很薄，减少了光激发的能量被收集时的穿越距离，降低了电池对材料结构完美性的要求。

（4）许多荧光有机材料的发射光谱与其吸光光谱相比会表现出较大的红移现象，再加上有机材料低的光折射率，有机电致发光器件可以避免无机电致发光二极管中的再吸收和光折射损失这两个主要缺点。

（5）有机材料大多具有柔性，可用于制备柔性器件。另外，有机材料非常适合印刷等大面积、低成本的制备工艺。

（6）有机材料具有比无机材料更高的生物相容性，可当作无机材料与生物体之间联系的桥梁。

（7）最重要的是，有机材料同样可以实现无机硅等半导体的光电转换、信息显示、存储等功能。这极大地扩展和补充了无机半导体器件的应用。

虽然有机光电器件有诸多优点，但是它们还是存在很多的不足，需要进一步地改进，如与无机光电器件相比，其效率普遍偏低且稳定性较差。而造成有机光电器件低效的主要原因是有机材料短的载流子传输距离及其有限的电荷传输能力和激子解离能力等，而有机光材料在大气环境中或紫外线的照射下易降解是器件稳定性差的主要原因。目前，最常用的两种改善器件性能的方法为对活性材料进行适当的掺杂或者设计更加合理的器件结构。在众多光电材料中，以石墨烯为代表的二维材料由于其出色的光学性能和电学性能及超薄、柔性等特点，它们在制备高效、透明、柔性有机光电器件的应用中已经表现出了不俗的应用价值，但目前二维材料在有机光电器件中的应用还处于摸索阶段，具体的应用方法和作用机制尚不清楚，这就需要科研工作者们对二维材料在有机光电器件方面的应用做进一步的探索与研究。

基于此，本章以有机光电器件的两大分支——有机太阳能电池（Organic Solar Cells，OSCs）和有机发光二极管（Organic Light-Emitting Diodes，OLEDs）

的发展现状为切入点，引出二维材料的发展情况及其在有机太阳能电池和有机发光二极管中的应用机遇与挑战。同时介绍二维材料在非线性光学器件方面的发展现状。以便读者对有机光电器件及二维材料的发展和应用有一个总体的认识。

### 1.1.1 有机太阳能电池简介

近年来，由于化石能源的过度使用，全球正在面临着能源枯竭和环境污染两大问题的困扰。如不对这两大问题加以重视并采取有效的解决措施，必将严重制约现代文明的发展进程。能源的压力及当代社会的需求都要求人类必须走可持续发展的道路。此外，作为世界上最大的工业生产国和煤炭消费国，实现"双碳"目标意义重大。在这样的背景下，清洁能源和节能产业应运而生。目前，清洁能源主要有风能、核能、水能、氢能、太阳能等。同其他清洁能源相比，太阳能几乎是取之不尽用之不竭的，而且还具有分布范围广、没有噪声、利用成本低和无污染等优点，这一系列优点让太阳能成为最具潜力的清洁能源之一。在太阳能利用方面，太阳能电池可以将太阳能直接转化为电能，是利用太阳能最直接和最有效的方式之一。

制备高效、廉价、可大面积制备的太阳能电池是全世界科学家长期为之奋斗的重要的科学和技术难题。太阳能电池主要分为无机太阳能电池[3-6]、钙钛矿太阳能电池[7-10]和有机太阳能电池[11-14]等。目前，关于太阳能电池的研究已经取得了阶段性成果。如图1-1所示，由美国可再生能源国家实验室统计，截至目前单晶硅太阳能电池的功率转换效率最高可达26.1%[15]，但是由于单晶硅太阳能电池笨重、不可弯曲、高昂的制备成本，以及在制备过程中会造成环境污染等原因使得硅基太阳能电池的大规模应用受到阻碍。钙钛矿太阳能电池经过快速的发展同样取得了傲人的成绩，其功率转换效率也同样高达26.1%，这一效率完全可以和单晶硅电池相媲美[16]。然而由于钙钛矿电池的活性材料在大气环境下极其不稳定，很容易发生降解，所以钙钛矿电池的空气稳定性是其最大缺陷。

有机太阳能电池由于其原材料丰富多样、制备工艺简单、易于大规模制备、廉价、柔性、透明、相对稳定等特点顺应了当代社会发展的新趋势，并受到了人们的广泛关注[17-18]。近年来经过科研工作者的不懈努力，有机太阳能电池的光伏性能也得到了长足的发展，如单结有机太阳能电池和串联有机太阳能电池的最

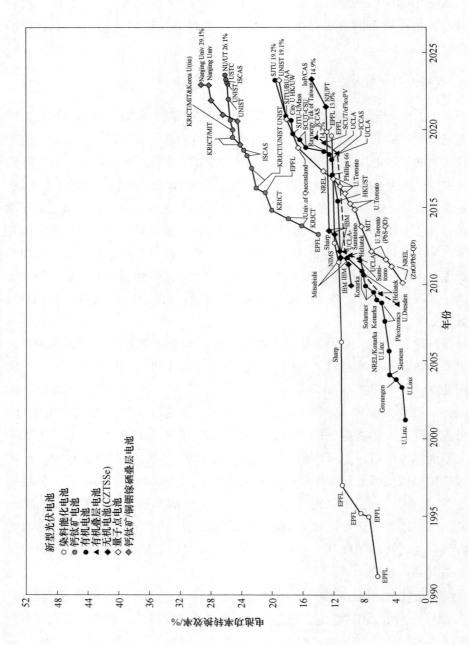

图1-1 新型光电电池的发展现状

高功率转换效率已经分别可以达到19%[19]和20%[20]以上。但是，目前有机太阳能电池的低效率仍是制约其大规模应用的主要问题，而造成有机太阳能电池低效率的主要原因之一是有机材料的载流子传输距离和其光吸收长度之间的矛盾。

对于有机半导体材料来说，其载流子的传输距离一般仅有5~10 nm，而且其激子的解离率会随活性层的厚度呈指数减小，这就决定器件活性层的厚度不能超过10 nm。但是理论上，为了保证器件活性层对太阳光的充分吸收，其活性层的厚度应该等于或者大于$1/\alpha \approx 100$ nm（$\alpha$为有机半导体的吸收系数)[21-22]。此外，有机半导体材料激子的低迁移率是造成有机太阳能电池低效率的另一因素。其中一些有机半导体小分子的空穴和电子迁移率分别可以达到$1.5 \times 10^{-3}$ m²/(V·s)[23]和$1\times10^{-5}$ m²/(V·s)[24]。而最常见的聚噻吩衍生物与富勒烯衍生物的共混物（PTB7:PC$_{71}$BM）的空穴和电子迁移率的数量级分别仅有$1 \times 10^{-4}$ m²/(V·s)和$1 \times 10^{-6}$ m²/(V·s)[25]。而单晶硅的空穴和电子迁移率则分别可达$4.5\times10^{-2}$ m²/(V·s)和$1 \times 10^{-1}$ m²/(V·s)[26]。

为了解决这些问题，就必须在不改变活性层厚度的情况下找到可以有效提高器件吸光度、电荷传输能力和增强器件激子解离率的方法。而修饰活性材料和优化器件结构是解决这些问题的有效方法，如在活性材料中掺杂具有高载流子迁移率的窄带隙材料，可以在改善器件光吸收度的同时增强器件的激子解离率和电荷传输性能[27-29]；或者在器件中使用空穴缓冲层和电子缓冲层修饰电极和活性层之间的界面来有效地钝化器件各层之间的缺陷，并同时改善器件的能级结构，提高器件对电荷的抽取能力[30-31]。

在众多材料中，由于新型二维材料具有优异的光学性能和电学性能，它们在光伏器件方面的应用引起了广大研究者的兴趣。而且二维材料的种类众多和易于加工等特点使得科研工作者们可根据不同的功能需求来选择适合的二维材料。二维材料的这些特性使得其在有机太阳能电池中迎来了重大的机遇与挑战。

目前如何制备高性能的太阳能电池也已经成为一个热门的研究领域，下面主要介绍有机太阳能电池的发展现状、工作原理及其主要性能参数。

#### 1.1.1.1 有机太阳能电池的发展现状

太阳能电池主要分为无机太阳能电池、有机无机杂化太阳能电池和有机太阳能电池。

无机太阳能电池以硅基太阳能电池为代表，它们是目前商业应用最为广泛和效率最高的太阳能电池。其中，单晶硅太阳能电池的功率转换效率可高达 26.1%[5-6]。虽然硅基太阳能电池具有优异的光伏性能，但是硅基太阳能电池同时也存在很多的缺点，如制备工艺复杂、成本高和不能弯曲等，这些缺点极大地限制了硅基太阳能电池的发展潜力。

有机无机杂化太阳能电池以钙钛矿太阳能电池为代表，钙钛矿太阳能电池一经问世就引起了研究热潮，而且其光伏性能经过短短几年的研究就取得了巨大的成功。如最近中国科学院合肥物理科学研究院固体物理研究所光伏与节能材料重点实验室在关于钙钛矿太阳能电池的研究中取得了突破性的进展，其最高功率转换效率高达 26.1%，经认证的功率转换效率可达 25.8%[10]，但是钙钛矿太阳能电池在大气环境中不能稳定存在、容易发生降解是其致命的缺点。

有机太阳能电池由于其柔性、灵活、易于大规模制备等优点同样引起了科研工作者的广泛研究兴趣[17-18]。对于有机导电材料来说，它的大概发展历程就是在 20 世纪 50 年代人们首次发现有机半导体材料；70 年代发现了有机导体；80 年代发现了有机超导体，90 年代发现了有机铁磁体。而关于有机半导体材料的研究最早可以追溯到 20 世纪 50 年代，日本有机化学家赤松秀夫、井口等[32]发现多环芳香族化合物和卤素之间的一些配合物在固体状态下具有高导电性。如图 1-2（a）所示，在 1954 年报道的二萘嵌苯-溴（茈-溴）配合物，这个发现开启了关于有机半导体研究的大门，但是这类物质自身稳定较差。同年，恰宾（D. M. Chapin）、富勒（Calvin Fuller）和皮尔松（G. L. Pearson）在美国贝尔实验室，首次做出了光电转换效率为 6%的实用单晶硅光伏电池，如图 1-2（b）所示。

1958 年，美国加州大学伯克利分校卡恩斯（Kearns）和卡尔文（Calvin）[33]将酞菁镁（MgPc，见图 1-2（c））夹在两个功函数不同的电极之间成功制备了第一个有机太阳能电池。他们在该器件上观测到了 200 mV 的开路电压，但其能量转换效率非常低，仅为 $2 \times 10^{-6}$。科学家们也一直在尝试不同的有机半导体材料，但是所得到的效率都很低。此时，器件的结构为单质结结构，或者说是一种基于金属半导体结的肖特基结构的太阳能电池，即第一代有机太阳能电池（结构为两个电极夹单晶蒽）问世。直到 1977 年美国宾州大学的白川英树（Hideki Shirakawa）、艾伦·黑格（Alan J. Heeger）和艾伦·马克迪尔米德（Alan G. MacDiarmid）等[2]首次发现掺杂碘的聚乙炔薄膜（见图 1-2（d））具有可与铜媲美的导电特性，并揭示了有机材料导电的本质，有机光电器件才迎来快速发展期，他们三人也因此获得了 2000 年的诺贝尔化学奖。

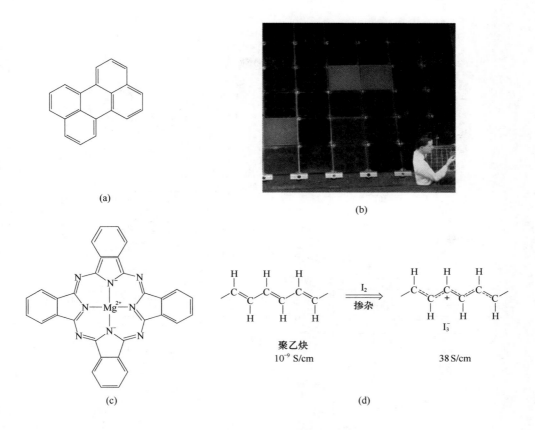

图 1-2　二萘嵌苯分子结构式（a），贝尔实验室发明的第一块太阳能电池（b），
酞菁镁（MgPc）分子结构式（c）和掺杂碘的聚乙炔的分子结构式（d）

　　1986 年，美国柯达公司研究实验室 C. W. Tang 博士（华裔科学家邓青云）[34]改进了上述器件的核心结构，由四羧基苝的一种衍生物（PV）和酞菁铜（CuPc）组成了双层异质结膜作为吸光层，首次引入了给体/受体（p/n型）有机双层异质结的概念，如图 1-3 所示。有机太阳能电池的器件结构为：阳极（氧化铟锡，ITO），p/n 型双层活性层铜酞菁/四羧基衍生物（CuPc/PV）和阴极（银，Ag）。这时有机太阳能电池的功率转换效率可以达到 1%左右。这一成果在有机太阳能电池器件结构设计上可以说是一次"重大突破"，即第一次提出双层异质结的有机太阳能电池。另外，邓青云博士在同时期（1987年）还制备了第一个有机发光二极管（OLED），因此而被尊称为"OLED 之父"。

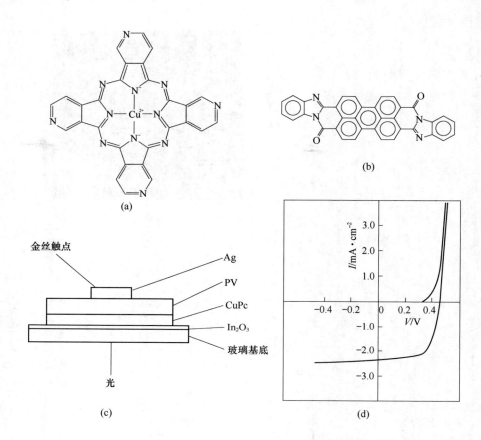

图 1-3　GuPc 分子结构式（a），PV 分子结构式（b），具有 p-n 结的双层有机太阳能
电池的结构示意图（c）和电池的电流密度-电压（J-V）特征曲线（d）

　　1993 年，美国宾州大学的萨利奇夫奇（Sariciftci）、黑格（Heeger）等[35]
研究了从导电聚合物（聚［2-甲氧基-5-(2-乙基己氧基)-1,4-苯撑乙烯撑]，简
称 MEH-PPV）的激发态到巴克敏斯特富勒烯（简称 $C_{60}$）的光致电子转移的
过程。MEH-PPV 和 $C_{60}$ 的分子结构如图 1-4（a）（b）所示。该研究发现，在用
能量大于 $\pi—\pi^*$ 间隙的光对共轭聚合物进行光激发后会有电子向 $C_{60}$ 分子转移。
光致光吸收研究表明，与单独的组分相比，复合材料具有不同的激发光谱，这与
光激发电荷转移一致。该研究表明，导电聚合物和共轭寡聚物有可充当有机太阳
能电池的给体材料，而 $C_{60}$ 及其衍生物可充当有机太阳能电池的受体材料，从而
用于制备高效的双层异质结结构的有机太阳能电池。这一研究还标志着 $C_{60}$ 及其
衍生物作为电子受体材料的出现，这类富勒烯电子受体材料极大地推动了有机太

阳能电池的发展。甚至，截至目前 $C_{60}$ 及其衍生物仍是一类性能优异的电子受体材料。

1995 年，G. Yu 和 Heeger 等[36]在上述研究基础上，通过将半导体聚合物与 $C_{60}$ 或其功能化衍生物共混大幅提高了有机太阳能电池的载流子收集效率和能量转换效率。在 100 μW/cm² 的光照条件下，基于 MEH-PPV 和 $C_{60}$ 的复合膜的有机太阳能电池表现出了 5.5% 的能量转换效率，该效率比使用纯 MEH-PPV 制备的电池的效率高两个数量级以上。有效的电荷分离源于光诱导电子从 MEH-PPV（作为供体）到 $C_{60}$（作为受体）的转移，高收集效率源于内部供体-受体（Donor-Acceptor，D-A）异质结的连续网络结构，如图 1-4（c）所示。该研究中提出的这种给体-受体连续网络结构的异质结后来被称为体异质结

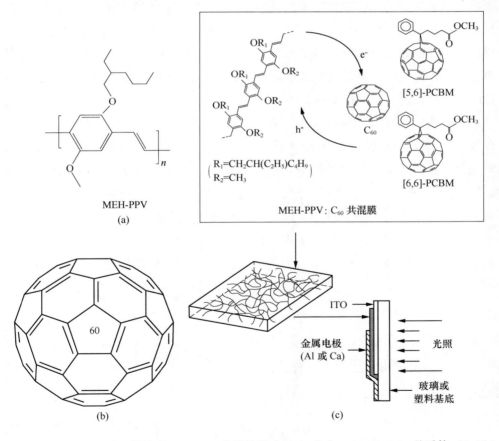

图 1-4　MEH-PPV 分子结构式（a），$C_{60}$ 分子结构式（b）和在 MEH-PPV:$C_{60}$ 给受体（D-A）
混合物薄膜中载流子转移过程及基于这种共混膜的有机太阳电池的示意图（c）

（Bulk Heterojunction，BHJ）。体异质结简单来说就是将给体材料和受体材料混合起来，然后通过共蒸或者旋涂等方法制成的一种混合异质结薄膜。在有机太阳能电池领域内，体异质结的提出被认为是最重大的发现之一，这类结构也是目前有机太阳能电池最基本的结构类型。体异质结创造性地解决了在有机半导体材料中激子难分离及由于有机半导体材料载流子传输距离小对有机太阳能电池活性层厚度限制等问题。在此之前，有机太阳能电池的效率大多都是1%左右，或者更小。直到体异质结的提出才使有机太阳能电池进入了高速发展期。

对于有机太阳能电池效率的提升主要体现在器件结构优化与活性材料结构设计这两方面。在器件结构优化方面，2002 年，C. J. Brabec 等[37]在聚合物层与金属电极之间加入 LiF 层作为电子传输层显著提高了电池的填充因子并稳定了高开路电压，如图 1-5（a）（b）所示。与没有 LiF 界面层的器件相比，使用 LiF 夹层的电池在白光下的转换效率提高了 20%以上，达到了 3.3%；而使用绝缘夹层氧化硅（SiO$_x$）的电池的效率也提高到了 2.3%。这一研究标志着电子和空穴传输层的开始使用，是器件结构上的一次创新。

2004 年，英国曼彻斯特大学安德烈·海姆和康斯坦丁·诺沃肖洛夫[38]利用胶带机械剥离法成功地在实验中从石墨中分离出了超薄单晶石墨薄膜，并发现这种超薄的石墨薄膜在环境条件下可以稳定存在，随后将其命名为石墨烯，如图1-5（c）（d）所示。石墨烯是一种二维半金属材料，其价带和导带之间有微小的重叠，它们表现出强烈的双极电场效应，使得每平方厘米的电子和空穴浓度可高达10$^{13}$，并且通过施加栅极电压可测得其在室温下的迁移率可达 10000 cm$^2$/(V·s)。石墨烯是目前常温下电阻率最小的材料。安德烈·海姆和康斯坦丁·诺沃肖洛夫

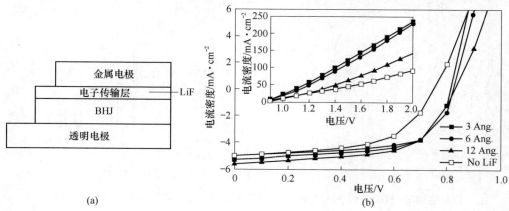

(a)                                                    (b)

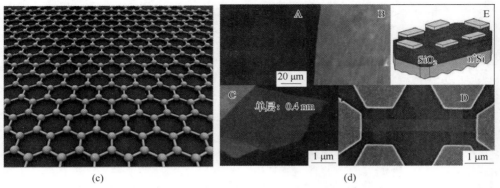

图 1-5　基于 MDMO-PPV/PC$_{60}$BM/LiF 体异质结的有机太阳能电池的结构示意图（a），
电池的 *J-V* 特征曲线（b），单层石墨烯的原子结构示意图（c）和
石墨烯的形貌与电学性能表征（d）
（扫描书前二维码看彩图）

也因此共同获得 2010 年诺贝尔物理学奖。十年间两次诺贝尔奖的颁发见证了有
机电子学从热点到焦点令人鼓舞的发展脉络。

　　在无机串联结构太阳能电池的启发下，2007 年，Jin Young Kim、Kwanghee
Lee 和 Alan J. Heeger 等[39]通过全溶液工艺制备了高效的串联有机太阳能电池，
该串联有机太阳能电池为倒置结构。如图 1-6 所示，在其结构中，将具有不同吸
收特性的两个太阳能电池连接起来以便吸收更广范围的太阳光谱。每个子电池的
活性材料都使用了包含半导体聚合物给体材料和富勒烯衍生物受体材料的本体异
质结结构，该异质结结构均通过溶液加工而成。其中，前电池使用了窄带隙的聚
合物与富勒烯衍生物的复合材料（PCPDTBT:PCBM）作为活性层，后电池使用
了宽带隙聚合物与富勒烯衍生物的复合材料（P3HT:PC$_{71}$BM）作为活性层以进
一步吸收前电池透过的光，以提高太阳能光的利用率。而透明的氧化钛（TiO$_x$）
层则起到分隔并连接前电池和后电池的作用，即 TiO$_x$ 层可用作第一个电池的电
子传输和收集层，并同时可为第二个电池的制备提供一个稳定的基底，最终组成
串联电池的整体结构。这种使用不同吸收波段材料相互叠加的策略将有机太阳能
电池的效率提高到了 6.5%。

　　2011 年，东京大学中村荣一教授与日本三菱化学合作将有机太阳能电池的
光电转换效率提高到了 9.2%。三菱化学有机薄膜太阳能电池业务推进室长星岛
时太郎称如果有机太阳能电池的能量转换效率能达到 10%，就可以决定实用化
了，而且最重要的是这类电池可采用印刷技术的制造方法。不久的将来，也许房

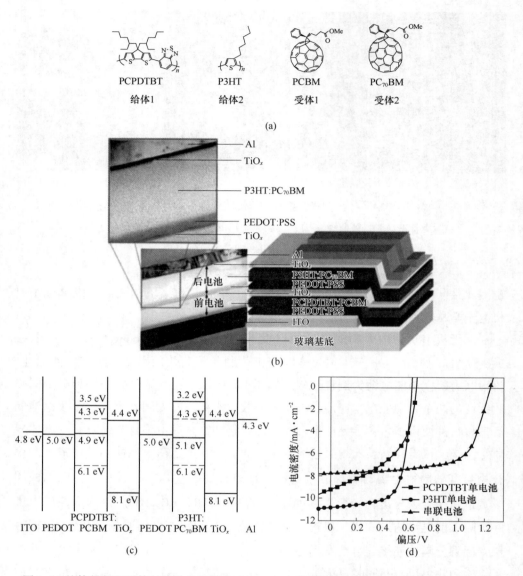

图 1-6 给体材料和受体材料的分子结构式（a），串联有机太阳能电池的结构示意图（b），
电池的能级结构示意图（c）和电池的 J-V 特征曲线（d）

间的壁纸、窗帘、汽车车身及衣服等都能实现太阳能发电。之后随着活性材料和
器件结构的优化，单结有机太阳能电池的效率也在稳步提升，并在 2015 年前后
基本维持在了 11%～13%。在这期间，由于富勒烯受体材料相对固定的能级水平
和较宽的能带隙使得器件效率的进一步提升遇到了阻碍。而非富勒烯 n 型有机半

导体作为受体材料则展现出了实现高功率转换效率的巨大潜力，并引起了广泛关注。

　　非富勒烯基受体分子中心稠环单元的合理设计对于最大化有机太阳能电池的性能至关重要。2019 年，中南大学邹应萍教授课题组[14]设计合成了一种新型的非富勒烯受体 Y6，如图 1-7（a）（b）所示。该化合物采用了以 2,1,3-苯并噻唑（BT）为缺电核心的梯形多稠环（二噻吩并噻吩［3,2-b］-吡咯并苯并噻二唑）结构。与富勒烯基受体不同，非富勒烯基受体 Y6 表现出了可调的和较窄的能带隙结构，这更有利于提高对光的利用率。此外，电子亲和力可以通过在中心核心的中间引入一个吸电子单元来微调，从而产生一个缺电区域。在这方面，最常用的缺电子单元之一就是 BT。事实上，由于 BT 的商业可用性和 $sp^2$ 杂化氮原子赋予的吸电子特性，BT 在构建窄带隙共轭材料和聚合物方面一直很受欢迎。而且由于 BT 具有良好的载流子迁移率，基于 BT 的聚合物可用于制备较厚的高效活性层。这样 Y6 与聚合物给体材料 PM6（即 PBDB-T-2F）组

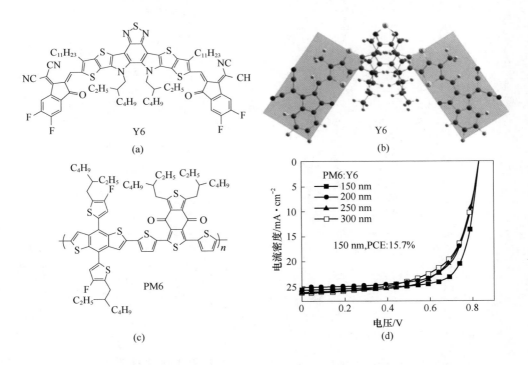

(a)

(b)

(c)

(d)

图 1-7　非富勒烯受体 Y6 的分子结构式（a），非富勒烯受体 Y6 的分子结构模型（b），聚合物给体 PM6 分子结构式（c）和 PM6:Y6 基有机太阳能电池的 *J-V* 特征曲线（d）

合充当活性层制成的单结常规和倒置架构的有机太阳能电池均具有 15.7% 的高效率。其中，倒置结构的器件在 Enli Tech Laboratory 机构进行了认证，效率高达 14.9%。非富勒烯基受体材料 Y6 的发现对于有机太阳能电池的发展来说也具有重要的里程意义，且非富勒烯基受体材料的开发再一次换发了关于有机太阳能电池的研究热潮。目前 Y6 及其衍生物也已被广泛应用在了制备高效有机太阳能电池中。

与富勒烯受体相比，非富勒烯受体具有可调的能级水平、较低的能量损失和在近红外光区域较高的吸光系数等，但富勒烯受体具有良好的电子迁移率。结合二者的优势会有利于进一步提高电池的效率。

随着共聚物给体材料和 Y 系列受体材料的精致设计和持续发展，有机太阳能电池的功率转换效率被提高到了 18% 的水平[40-42]。其中，具有代表性的是国家纳米科学中心丁黎明课题组，他们合成了 D18 和 D18-Cl 的共聚物给体材料。基于 D18:Y6、D18-Cl:N3 和 D18:N3 太阳能电池的功率转换效率分别达到 18.22%、18.13% 和 18.56%，如图 1-8 (c)[40] (d)[41] 和 (e)[42] 所示。

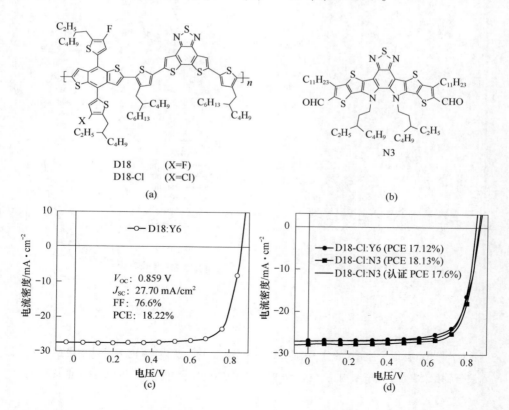

(a)

(b)

(c)

(d)

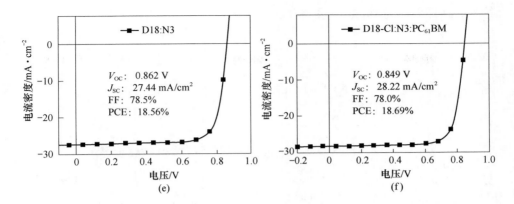

图 1-8  共聚物给体材料 D18 和 D18-Cl 的分子结构式（a），非富勒烯受体材料 N3 的分子
结构式（b），基于 D18:Y6 活性层（c），基于 D18-Cl:Y6 和 D18-Cl:N3 活性层（d），
基于 D18:N3 活性层（e）和基于 D18-Cl:N3:PC$_{61}$BM 三元活性层（f）的有机
太阳能电池的 $J$-$V$ 特征曲线

基于聚合物供体、非富勒烯受体和富勒烯受体的三元太阳能电池结合了非富勒烯受体良好的光捕获能力和富勒烯良好的电子迁移率，具有很大的发展潜力。丁黎明课题组在 2021 年通过三元活性材料的策略将电池的效率刷新到了 18.69%（认证效率 18.10%），如图 1-8（a）所示[43]。其器件结构为：ITO/PEDOT:PSS/D18-Cl:N3:PC$_{61}$BM（D:A1:A2）/PDIN/Ag。其中，D18-Cl 为共聚合物给体材料，N3 为非富勒烯受体材料 1，PC$_{61}$BM 为富勒烯受体材料 2。另外，丁黎明等还通过空间限制电流（Space Charge Limited Current，SCLC）的方法估算了二元活性层薄膜和三元活性层薄膜的空穴和电子的迁移率。结果显示，与二元活性层相比，三元活性层的空穴迁移率基本没有变化，但其电子迁移率从 6.32 × $10^{-4}$ cm$^2$/(V·s) 提高到了 7.42 × $10^{-4}$ cm$^2$/(V·s)。这说明富勒烯受体的加入有效增强了活性层的电子传输能力，致使器件中的电荷传输更加平衡，从而提高了器件的效率。

仅一年之后，上海交通大学朱磊等[19]设计了一种由聚合物给体材料 PM6、D18 和非富勒烯受体材料 L8-BO 组成的三元混合活性材料，给体材料和受体材料的分子结构和能级结构如图 1-9（a）（b）所示。这类三元混合薄膜展示出了双连续双纤维网络形态（Bicontinuous Double-Fibril Network Morphology，DFNM），如图 1-9（c）所示。基于这种 DFNM 三元混合活性层的单结有机太阳能电池的填充因子可达 82%，平均功率转化效率更是突破了 19.3%，最高效率高达 19.6%

（第三方认证效率为 19.2%，见图 1-9（d））。

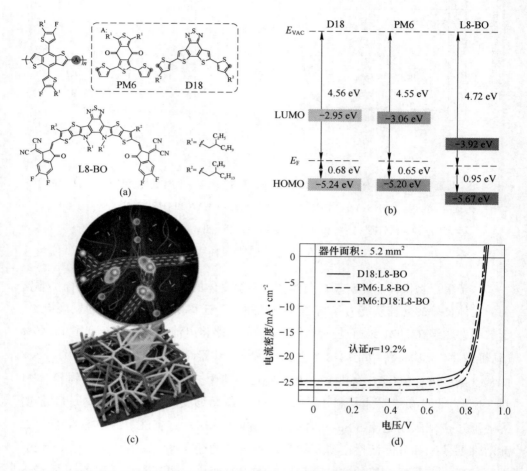

(a)

(b)

(c)

(d)

图 1-9　给体材料 PM6 和 D18，以及非富勒烯受体 L8-BO 的分子结构式（a）和能级结构（b），
DFNM 结构和电荷转移过程的示意图（c）和有机太阳能电池的 *J-V* 特征曲线（d）

　　其成功之处在于，在这种结构中，活性层的相分离，结晶度和特定纤维宽度
可以被同时调控。所得到的纳米结构符合激子和自由电荷高效输运的要求，激子
扩散长度可达约 40 nm，自由电荷扩散长度可达约 105 nm，自由电荷漂移长度可
达约 2700 nm（短路条件下估计）。另外，聚合物给体和非富勒烯受体小纤维在
共混薄膜中的良好的结晶性有效减小了混合区，并抑制了光生载流子的复合。即
这种双纤维网络形态策略可最大限度地减少光生载流子的损耗和最大限度地提高
功率输出，为单结有机光伏电池功率转化效率突破 20% 大关提供了可能性。

除去上述单结三元混合策略之外，串联结构电池作为一种很有前途的提高光利用率的策略，在实现高效有机太阳能电池方面也同样显示出了巨大的潜力，并推动了有机太阳能电池领域的发展。在串联电池中，各子电池之间的连接层起着至关重要的角色。连接层不仅可以保护底电池不被顶电池的生长破坏，为顶电池的生长提供可靠的基底，同时还起到阻挡和传输载流子的作用。2022 年，侯建辉等[20]开发了一种先进的串联有机太阳能电池互连层（Interconnecting Layer，ICL），该层由电子束蒸发 $TiO_x$（$e$-$TiO_x$）与旋涂 PEDOT:PSS 组成，如图 1-10（a）所示。

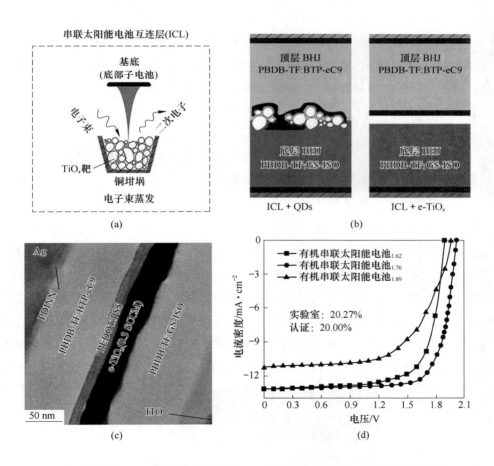

图 1-10  电子束蒸发 $TiO_x$ 连接层示意图（a），具有旋涂 $TiO_x$ 量子点连接层和蒸镀 $e$-$TiO_x$ 连接层器件结构示意图（b），具有 $e$-$TiO_x$ 连接层的器件结构的透射电子显微镜（TEM）横截面图（c）和有机串联太阳能电池的 $J$-$V$ 特征曲线（d）

在电子束蒸发过程中，金红石 $TiO_x$ 靶材会转变为无定形镀层，有利于形成均匀的薄膜。沉积的 e-$TiO_x$ 平坦、均匀、致密、耐酸，这使得 PEDOT:PSS 能够被加工成光滑致密的薄膜，如图 1-10（b）（c）所示。此外，该研究表明通过精确控制氧气的补充，可以改变镀层的化学式、能级、相对介电常数和掺杂密度。在优化的 PBDB-TF:GS-ISO/$TiO_{1.76}$ 和 $TiO_{1.76}$/PEDOT:PSS 中获得了高效的电子萃取和低肖特基势垒，有效抑制了两个子电池之间的电荷复合。这种优化的具有 $TiO_{1.76}$/PEDOT:PSS 互连层的串联电池效率可高达 20.27%，经中国计量科学研究院（National Institute of Metrology, China, NIM）认证的效率为 20.0%，如图 1-10（d）所示。这标志着有机太阳能电池领域 20%时代的到来。

另外，根据相关研究组织预测，随着非富勒烯受体材料的发展可能会进一步推动该领域进入 25%的高效率时代[44]。即便如此，与硅基和钙钛矿太阳能电池相比，目前低效仍然是制约有机太阳能电池发展的主要因素。

### 1.1.1.2　有机太阳能电池的分类

有机太阳能电池根据其器件结构不同可分为单质结有机太阳能电池、双层有机太阳能电池、体异质结有机太阳能电池和叠层有机太阳能电池。

A　单质结有机太阳能电池

单质结有机太阳能电池是最早研究的一种有机太阳能电池[33]，其结构为阳极、有机层和阴极，如图 1-11 所示。阳极一般为高功函数的 ITO，阴极为 Ag、Al 等低功函数的金属材料，有机层为同一材质的且单一极性的有机半导体层。在这类器件中，光致电荷形成定向传输的驱动力是有机薄膜与具有不同功函数的电极接触后形成的肖特基势垒，所以这类器件一般也被称为肖特基有机太阳能电池。而具有这类结构的器件由于其电子与空穴在同一种材料中传输，光致电荷在器件中复合的概率会大大增加，所以这类器件的光伏性能一般都较低。

图 1-11　有机太阳能电池的单质结结构

B　双层有机太阳能电池

1986 年，具有 p/n 结的双层有机太阳能电池首次被 Tang 等描述[34]。这类电池通常由阳极、空穴收集层、活性层、电子收集层和阴极按顺序组成，如图 1-12 所示。其中，双层有机太阳能电池的活性层是由具有不同电子亲和力的两种有机半导体组成的，即由给体材料（电子亲和力弱）和受体材料（电子亲和力强）形成一种平面异质结的双层活性层结构。相比于单质结有机太阳能电池，这种双层平面异质结更有助于激子的有效分离。当然，这种结构的电池也同样存在必须解决的问题，如有机半导体激子的扩散距离和其对光的吸收长度之间存在的矛盾，即有机半导体的固有性质决定了激子在有机半导体中的扩散距离非常短（10 nm 左右），要想保证激子可以有效地分离，有机太阳能电池活性层（给体层和受体层）的厚度就必须足够薄，但是理论上为了确保活性层对太阳光有充足的吸收，活性层的厚度又必须在 100 nm 左右。

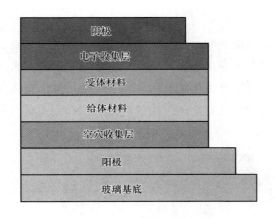

图 1-12　有机太阳能电池的双层结构

C　体异质结有机太阳能电池

体异质结是目前在有机太阳能电池中最常用的一种结构，它的发现被认为是有机太阳能电池领域内最为重大的突破[36]。体异质结有机太阳能电池一般由阳极、空穴收集层、活性层（给体材料/受体材料）、电极收集层和阴极组成，如图 1-13 所示。其中体异质结结构的活性层的制备过程一般是先将给体材料和受体材料按一定比例混合均匀，然后再经旋涂工艺制备形成一层混合材质的薄膜。这种方法可以使给体材料和受体材料形成一个纳米级的互穿网络结构。在这样的互穿网络结构下，给体材料和受体材料的相位差通常为 10~20 nm，这个长度接近于大多数有机半导体的激子扩散长度。这就意味着这种互穿网络结构可以使光生激子在体异质结处发生有效的解离，解离后的载流子可通过活性层内的渗透路径传向各自的接收电极。

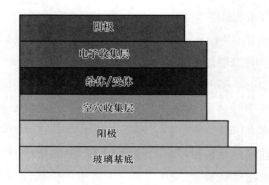

图 1-13   有机太阳能电池的体异质结结构

D   叠层有机太阳能电池

叠层有机太阳能电池一般是由阳极、活性单元结构 1、连接层、活性单元结构 2 和阴极组成，如图 1-14 所示。叠层有机太阳能电池可通过两个吸光波长范围互补的活性单元的叠加解决单结有机太阳能电池活性层对太阳能光吸收强度较弱和波长范围小等问题。具有这种结构的电池可以在很宽的波长范围内吸收太阳能光。

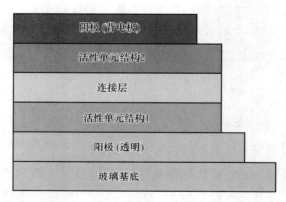

图 1-14   有机太阳能电池的叠层结构

目前，由于体异质结有机太阳能电池广泛应用于器件结构优化和光电功能材料性能的验证，所以在本节之后如果没有特殊说明，所有提到的有机太阳能电池都为体异质结有机太阳能电池。

#### 1.1.1.3 有机太阳能电池的工作原理

简单来说，有机太阳能电池的工作原理为：光子入射后，活性材料吸收光子产生激子，激子在给/受体界面处分离，分别运输至各自电极处，并引出到外电路形成电流回路。

有机太阳能电池将光能转换为电能的过程一般可总结为 4 个步骤：

(1) 光子捕获吸收→激子的产生；

(2) 能量传输与转移→激子的扩散；

(3) 电荷的转移和分离→激子的解离；

(4) 载流子的输运和收集。

A 光子捕获吸收→激子的产生

如图 1-15 所示，在太阳光辐照到有机太阳能电池表面后，给体材料吸收光子，当光子的能量大于给体材料分子的能带隙时，给体分子中的电子受到激发从材料的最高占据分子轨道（Highest Occupied Molecular Orbit，HOMO）跃迁到最低未占据分子轨道（Lowest Unoccupied Molecular Orbital，LUMO）或者更高能级，而在 HOMO 能级上留下空穴，即产生电子-空穴对。这类似于在无机半导体中一个受激电子从价带跃迁到导带，然而由于有机半导体的低介电常数、局域电子和空穴的波函数等原因，在电子-空穴对之间存在着强烈的库仑吸引力，由此产生的束缚电子-空穴对即被称为激子，这类激子的结合能一般为 $0.3 \sim 1.4$ eV[45]。与之截然相反，无机半导体的结合能低得多，大概仅为几毫电子伏特。因此，无机半导体在吸收光子后更容易产生自由电荷载体，这样的电子-空穴对在吸收热能后更容易分离，但在有机半导体中产生的是强的束缚激子。

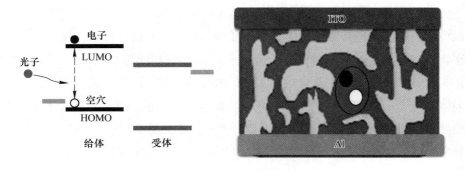

图 1-15 激子的产生

有机材料主要关注的问题是：怎样可以减小材料的能带隙（能带隙较大时会降低材料在长波区域范围内对光子的吸收率）、增加对光的吸收范围。有研究表明，当活性材料的 HOMO 轨道与 LUMO 轨道能量差为 1.1 eV（即能带隙为 1.1 eV）时，活性材料对太阳光的吸收率可高达 77%[46]，然而一般有机给体材料的能带隙在 2 eV 左右[47]。如图 1-16 所示（参考太阳光谱 AM 1.5G），一般这类有机活性材料都不吸收波长大于 700 nm 的光波，但很明显在长波区域（大于700 nm）还可以获得很多能量。因此，开发窄能带隙的有机半导体材料可以有效地提高有机太阳能电池对光子的吸收率，并改善器件激子的产生率。

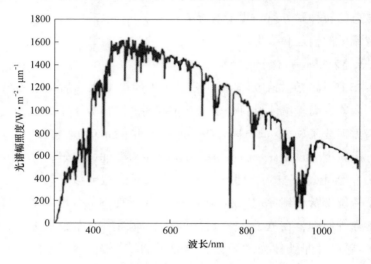

图 1-16    AM 1.5G 参考太阳光谱

**B    能量传输与转移→激子的扩散**

如图 1-17 所示，当激子产生后，激子会在给体材料内发生扩散。由于有机分子之间的作用力很小，材料的 HOMO 与 LUMO 是不连续的，电子和空穴的传输是跳跃式的。这种传输方式的重要特征是不存在净电荷的移动，仅有能量的传递和转移。当有激子产生时，激子会向着给体材料和受体材料的界面处（异质结）扩散。激子在未发生复合情况下的扩散距离被称为激子扩散距离，一般有机半导体的激子扩散距离为 5 ~ 20 nm[22]。如果产生激子的位置距离给体和受体形成的异质结的距离大于激子的扩散，激子将会发生复合，即产生的激子不能有效地分离形成自由电荷载流子。因此，活性层内给体和受体的相位差要足够小才可以确保激子可以有效地扩散到异质结处发生下一步激子的分离，但为了保证活性层对太阳光有足够的吸收，活性层给体和受体之间的小的相位差不能简单地以牺牲活性层厚度为代价来实现。

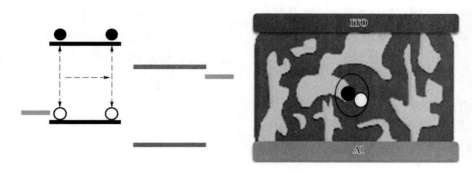

图 1-17　激子的扩散

为了解决以上矛盾，学者们在材料设计和器件结构优化方面付出了巨大努力。其中，开发具有窄的能带隙的有机半导体材料是解决这一问题的有效方法之一，如在双层有机太阳能电池中采用具有窄能带隙的有机半导体材料充当活性层的给体材料，可以在不增加活性层厚度的基础上去改善器件对光的吸收效率。除此之外，优化器件结构也是解决有机半导体激子扩散距离短和活性层吸光度之间矛盾的有效方法，如体异质结有机太阳能电池和纳米结构活性层等。在体异质结有机太阳能电池中，给体材料和受体材料混合形成的互穿网络结构极大地缩小了给受体的相位差，这使得在保证激子发生有效扩散的基础上活性层的厚度可以增加到 100 nm 以上。

C　电荷的转移和分离→激子的解离

如图 1-18 所示，当激子成功扩散至给/受体异质结界面处，由异质结提供足够的化学势能下降以驱使激子解离，激子解离后在异质结处形成一个电荷对，也被称为一个配对。在无机半导体中产生的激子的结合能仅为几毫电子伏特，所以在无机半导体中产生的激子更容易解离生成自由电荷载体。但是，相比于无机半导体，在有机半导体中激子的结合能一般在 0.3~1.4 eV，所以激子一般不会发生自动解离。

在有机半导体中为了实现激子的有效分离，激子就必须迁移到由给体材料和受体材料组成的异质结处，由异质结提供足够的化学势能下降以驱使激子分离形成电荷对。在异质结处的化学势能下降主要由两种力提供：（1）给体材料（电子亲和力低）与受体材料（电子亲和力高）对电子的不同亲和力差驱动激子解离；（2）给体材料和受体材料在异质结处产生接触电势差驱动激子解离，当给体材料和受体材料的能级构成级联的能级，并且给体材料的 HOMO 能级与受体材料的 LUMO 能级之间的能级差须小于束缚激子的结合能，这样才有利于激子发生解离。另外，在有机半导体中激子的寿命（即激子的复合发光）一般在 1 ns 内，而电子的转移过程发生在 45 fs 内，这使得在异质结处更有利于激子的分离[48-49]。此时，虽然激子发生了分离，但是这些电荷仍是束缚电荷，需要在内建电场的作用下才可以完全分离。

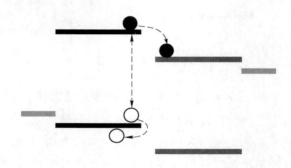

图 1-18　激子的解离

D　激子的传输与收集

如图 1-19 所示，当激子分离产生配对后，配对的空穴和电子必须在它们的寿命内分别迁移至阳极与阴极。载流子的输运过程既包括内建电场（主要取决于电极的选择）驱动下的漂移运动，也包括从高浓度区域向低浓度区域（激子解离界面）的扩散运动[50]。

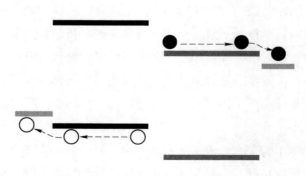

图 1-19　激子的传输与收集

漂移电流由有机太阳能电池内部的电势梯度提供，这个电势梯度主要与高功函数的阳极和低功函数的阴极在器件内部建立的内建电场有关，内建电场同时也决定了有机太阳能电池的开路电压。当器件的外部施加一个偏压后，器件的内建电场会被改变，同时漂移电流随之改变，载流子会沿着器件内部改变的内建电场向各自对应的电极发生漂移以便电荷的收集。

载流子另一个传输的机制为扩散电流，扩散电流主要由器件内部载流子浓度梯度提供。配对在异质结处产生，这时异质结处空穴和电子的浓度要高于异质结周围，即空穴和电子会沿着载流子浓度梯度向远离异质结的方向迁移产生扩散电流。

当器件两端偏压导致器件内建电场为零时，器件内部扩散电流为主导，而当内置电场很大的时候漂移电流为主导。器件载流子传输能力主要由有机半导体活性层的载流子迁移率决定。一般来说有机材料的空穴和电子的迁移率都很低，活性层必须足够薄才可以保证载流子在其寿命内被传输至电极处。另外，空穴和电子的迁移率的差异也是决定电荷传输特性的一个关键因素。当有一个超过十倍的差异时将会产生空间电荷限制电流[51]。

简而言之，空间电荷限制电流作为一种载流子出现，由于在有机太阳能材料中电子通常有很高的迁移率，电子会更有效地传输到阴极[49]。随着电子到达阴极的比率高于空穴到达阳极的比率，电子可能会在活性层靠近阴极界面处积累，并产生空间电荷效应。这将会改变活性层电荷运输的特性，并产生一个太阳电池电流输出的上限。因此，为了改善在太阳能电池活性层中载流子的运输效率，就得平衡空穴和电子的迁移率。

当电荷传输至活性层和电极的界面处时，它们会被相应的电极从活性层中提取。为了高效地提取电荷，电极和活性层之间的势垒必须被最小化，这也就是说阳极的功函数和阴极的功函数分别要与给体材料的 HOMO 能级和受体材料的 LUMO 能级完美匹配。当这些条件满足时，电极与活性层的接触即被称为欧姆接触，器件的开路电压与给体材料 HOMO 能级和受体材料 LUMO 能级差呈正相关关系。此外，增加电极的粗糙度或电极与活性层之间界面面积也有助于改善器件对电荷的提取与收集。

有机太阳能电池光伏性能的好坏与以上 4 个步骤密切相关，每个环节都会对器件的最终性能起到关键的影响作用。

### 1.1.1.4  有机太阳能电池的性能参数

有机太阳电池的工作电路图可以进行以下等效，如图 1-20 所示。

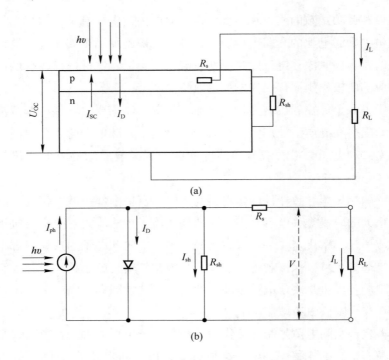

图 1-20   光照时太阳能电池的电路（a）及等效电路（b）

从等效电路图中可以看到太阳能电池的工作电压和电流是随负载电阻而变化的，如果将不同阻值所对应的工作电压和电流值作成曲线，即可得到太阳能电池的伏安（I-V）特性曲线或电流密度-电压（J-V）特征曲线。J-V 特征曲线的测试条件为：大气质量为 AM 1.5G 的光谱分布（见图 1-16），辐照强度为 100 mW/cm$^2$，测试环境温度 25 ℃。如图 1-21 所示，有机太阳能电池的亮态 J-V 特征曲线能够直观地反映有机太阳能电池的性能，并且从特征曲线中可以得到有机太阳能电池光伏性能的主要参数，如短路电流密度、开路电压、串联电阻、并联电阻、填充因子和功率转换效率等。

有机太阳能电池在光照恒定时，光电流不随工作状态改变，故可看作一个恒流源。其等效电路的伏安（I-V）特性曲线可用式（1-1）来表达：

$$I = I_D \left\{ \exp\left[ \frac{q(V - IR_s)}{nkT} \right] - 1 \right\} + \frac{V - IR_s}{R_{sh}} - I_{ph} \qquad (1\text{-}1)$$

式中   $I_{ph}$——恒流电源输出的光电流；

　　　$I_D$——暗电流；

$R_{sh}$——并联电阻；

$R_s$——串联电阻；

$I$——输出电流；

$V$——输出电压；

$q$——电荷电量；

$n$——理想因子；

$k$——玻耳兹曼常数；

$T$——热力学常数。

式（1-1）右边可等效为三部分电流的相加减：第一部分可看作暗电流 $I_D$；第二部分可看作漏电流 $I_{sh}$；第三部分可看作光电流 $I_{ph}$。当电路断开时，输出电压即为开路电压；电路短路时，输出电流即为短路电流。

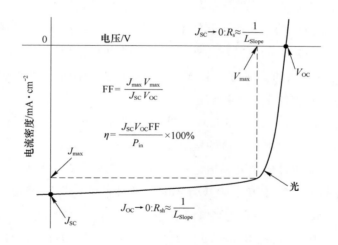

图 1-21　有机太阳能电池的亮态 *J-V* 特征曲线

有机太阳能电池主要光伏性能参数介绍如下：

（1）短路电流（$J_{SC}$）：在一定光照条件下，当有机太阳能电池的输出电压为零时（负载电阻 $R_L = 0$ 时），电池的输出电流密度即为电池的 $J_{SC}$，理想情况下等于 $I_{ph}$。器件的 $J_{SC}$ 可以从器件亮态 *J-V* 特征曲线中直接读出，即器件 $J_{SC}$ 的具体数值为亮态 *J-V* 特征曲线与 *Y* 轴交点处的绝对值。器件 $J_{SC}$ 除了与入射光的辐照度成正比，还与器件活性材料的吸光强度、器件激子的解离率、器件激子的复合率、器件电荷的迁移率及活性材料与电极界面的欧姆接触等因素有关。

（2）开路电压（$V_{OC}$）：在一定光照条件下，当器件的输出电流为零时，器件两端的输出电压即为 $V_{OC}$。$V_{OC}$ 随光照度变化不大，且与电池面积无关。$V_{OC}$ 的表达式为：

$$V_{OC} = \frac{kT}{q} \ln \left( \frac{J_{ph}}{I_D} + 1 \right)$$ （1-2）

式中　$k$——玻耳兹曼常数；

$\quad\quad$ $T$——热力学常数；

$\quad\quad$ $q$——电荷电量；

$\quad\quad$ $J_{ph}$——恒流电源输出的光电流；

$\quad\quad$ $I_D$——暗电流。

从式（1-2）可以看出，当光生电流 $I_{ph}$ 越大，暗电流 $I_D$ 越小，则 $V_{OC}$ 越大。器件的 $V_{OC}$ 也同样可以从器件的亮态 $J\text{-}V$ 特征曲线中直接读出，即为亮态 $J\text{-}V$ 特征曲线与 $X$ 轴交点处的绝对值。器件 $V_{OC}$ 的大小主要取决于给体材料 HOMO 能级与受体材料 LUMO 能级的差值。此外，阳极材料功函数和阴极材料功函数分别与给体材料 HOMO 能级和受体材料 LUMO 能级之间的匹配度、活性材料的形貌和温度等因素也会对器件 $V_{OC}$ 产生一定的影响。

（3）串联电阻（series Resistance，$R_s$）：串联电阻通常包括活性材料的体电阻、表面电阻、活性材料与电极的接触电阻、电极电阻和扩散层横向电阻等。串联电阻是有机太阳电池的重要参数之一。器件的串联电阻与器件的 $J_{SC}$ 呈反向相关关系，越小越好。当串联电阻接近零时，器件性能也会随着接近于理想。从 $J\text{-}V$ 特征曲线上看，串联电阻为当电流值趋近于零时，曲线斜率倒数的近似值。

（4）并联电阻（shunt Resistance，$R_{sh}$）：并联电阻主要由电池边缘漏电产生的漏电流及活性材料缺陷和杂质产生的漏电流等原因引起的旁路电阻。在有机太阳能电池中，通常并联电阻比串联电阻要高几个数量级。器件的并联电阻与器件的开路电压呈正向相关关系，越大越好。当并联电阻变大时，电池的开路电压也会变大。从 $J\text{-}V$ 特征曲线上看，并联电阻为当电压值趋近于零时，曲线斜率倒数的近似值。

（5）填充因子（Filling Factor，FF）：器件的 FF 是判断有机太阳能电池的一个重要指标，其定义式为：

$$FF = \frac{I_{max} V_{max}}{J_{SC} V_{OC}}$$ （1-3）

式中　$I_{max}$——器件在最大输出功率点的输出电流密度；

　　　$V_{max}$——器件在最大输出功率点的输出电压。

FF 是最大输出功率和短路电流与开路电压乘积的比值，显然它是 0~1 之间的正数。另外，器件的 FF 与器件的 $R_s$ 和 $R_{sh}$ 的比值呈反相关关系，可以通过减小 $R_s$ 和提高 $R_{sh}$ 来提高 FF。从 $J$-$V$ 特征曲线上看，曲线的形状越接近矩形，FF 就越大，电池的性能也越好，理想情况下 FF 等于 1，即曲线为矩形。FF 可以直观地反映器件光伏性能的优异。

（6）最大输出功率（$P_{max}$）：当太阳电池正常工作时，如果选择的负载电阻值能使输出电压和电流的乘积最大，即可获得最大输出功率。此时，对应的工作电压和工作电流称为最佳工作电压（$V_{max}$）和最佳工作电流（$I_{max}$），即 $P_{max} = V_{max}I_{max}$。从 $J$-$V$ 特征曲线上看，$P_{max}$ 就是在曲线上找到最大的矩形面积。

（7）功率转换效率（$\eta$）：器件的功率转换效率也叫光电转化效率或能量转化效率。太阳电池的 $\eta$ 指在外部回路上连接最佳负载电阻时的最大能量转换效率，是评判电池好坏的一个最重要的综合指标，其定义式为：

$$\eta = \frac{P_{max}}{P_{in}} \times 100\% = \frac{J_{SC}V_{OC}FF}{P_{in}} \times 100\% \tag{1-4}$$

式中　$P_{in}$——照射到器件表面的功率。

功率转换效率是判断器件光伏性能好坏的一个最直观最重要的综合指标。

除了以上参数，与器件光伏性能有关的重要参数还有量子效率。量子效率分为外量子效率（External Quantum Efficiency，EQE）和内量子效率（Internal Quantum Efficiency，IQE）。其定义式分别为：

$$EQE(\lambda) = \frac{N_e}{N_p} = \frac{J_{SC}(\lambda)}{qAQ(\lambda)} \tag{1-5}$$

$$IQE(\lambda) = \frac{N_e}{N_pAbs(\lambda)} \tag{1-6}$$

式中　$Q(\lambda)$——入射到器件表面的光子流密度；

　　　$A$——器件面积；

　　　$q$——电荷电量。

外量子效率为在单位时间内太阳能电池的电荷载流子数目与外部入射到太阳能电池表面的一定能量的光子数目之比，其反应的是电池的最终输出效率。外量子效率是一个小于 1 的无量纲数，其大小取决于太阳电池材料的吸收系数、光生载流子被分离的效率和载流子的输运效率等因素。在光子入射到光敏器材的表面时，部分光子会激发光敏材料产生电子空穴对，形成电流，外量子效率就是衡量这个过程效率的一个指标。

而内量子效率为太阳能电池的电荷载流子数目与外部入射到太阳能电池表面且没有被太阳能电池反射回去或透射过太阳能电池的一定能量的光子数目之比，内量子效率更多用于评价电池内部的本质性能。因此，内量子效率一般要高于外量子效率。在太阳能电池的研究和设计中，外量子效率测试是非常重要的一环。通过对太阳能电池的光谱响应度、外量子效率、内量子效率、反射率、透射率等参数的测试和分析，可以对太阳能电池的材料和结构设计进行优化，从而提高其光电转换效率。

综上所述，有机太阳能电池虽然有着诸如廉价、柔性、易于大规模制备等众多优点，但是近年来有机太阳能电池的发展也遇到了瓶颈。众所周知，下一代的光电设备势必会向着更高效、更轻薄、更灵活、更智能、更透明等方向发展。而目前已有的常用材料已经无法满足这些需求，这就迫切地需要开发适合的材料应用于这些有机光电器件研发。在众多材料中，以类石墨烯为代表的二维材料由于其突出的光学和电子特性，再加上二维材料的原子级别厚度和高柔韧性等特点使其成为制备下一代光伏器件和其他光电集成设备的明智选择，这吸引了很多科研工作者的关注[52-55]。

## 1.1.2 有机发光二极管简介

有机电致发光也被称为有机发光二极管，是有机活性介质在电场作用下产生光辐射。目前，有机发光二极管主要有两方面的应用：信息显示和固体照明。

信息显示被认为是 IT 产业的三大支柱技术之一，而且信息显示技术现如今已经与我们的生活产生了千丝万缕的联系。显示技术的发展经历了从体积庞大、笨重且耗电的阴极射线管显示，到各种轻便、灵活及节能的平板显示的过程。

按照发光类型的不同，平板显示可以分为发光型和受光型两大类，其中发光型的平板显示包括等离子体显示器、发光二极管显示器、有机发光二极管显示器、场发射显示器等；受光型显示主要包括液晶显示器、电致变色显示器和电泳显示器等。目前，市场上占主导地位的平板显示为液晶显示器，但是它存在一些难以解决的缺点，如视角小、需要背光源、响应速度慢和工作温度范围窄等。在大屏幕领域等离子体显示器虽然占有一定的市场份额，但是等离子体显示器功耗大、分辨率低、驱动电路昂贵。与等离子体显示器或液晶显示器相比，有机发光二极管表现出了响应速度快，广视角、超薄、柔性、高分辨率等优点。另外，虽然目前有机发光二极管在亮度、色纯度和寿命这几个方面还存在一些劣势，但是还有改进空间。综上所述，基于有机发光二极管的信息显示技术是理想的下一代平板显示技术。

众所周知，照明是人类现代文明的标志之一，它应用在了人类生存的每个角落。目前，最常用的照明设施为白色照明光源，主要包括高压钠灯、卤素灯、白炽灯等。但是这类光源因为效率不高，会造成大量的能源损耗。迄今为止，最有潜力的白光固态照明技术有两种：无机发光二极管和有机发光二极管技术。

白色无机发光二极管的效率大于 44 lm/W，使用寿命能大于 9000 h，它们就可以满足于照明的要求[56]。目前，白色无机发光二极管面临着的主要挑战是降低成本和获得足够效率的蓝绿光。

白色有机发光二极管具有反应速度快、超薄、高效、坚固及自发冷光灯特点。与无机发光二极管相比，由于有机材料千变万化、功能可调，有机发光二极管的材料选择范围要大很多。而且有机发光二极管获得高效蓝绿光的要更加容易。进一步讲，由于有机发光二极管材料要求的纯度（99.95%）要远远低于无机发光二极管中要求的材料纯度（99.9999%），再加上有机发光二极管可以使用真空蒸镀法或者旋涂法等工艺简单的方法来实现大面积制膜，所以有机发光二极管的制备成本更具竞争性，有机会成为白光及背光源的主流技术，成为除显示应用以外另一个重要的应用。应用于照明，有机发光二极管器件的效率、使用寿命、显色指数（Color Rendering Index，CRI）和发光色度的稳定性等是较重要的参数指标，其中器件的效率和使用寿命是最重要的。有机发光二极管为了更早地面向应用，就要朝着以下几个目标前进：（1）提高发光效率；（2）降低启亮电压；（3）优化光色纯度；（4）增强器件的稳定性和寿命。

下面主要介绍有机发光二极管的器件结构、工作原理及其主要性能参数。

### 1.1.2.1 有机发光二极管的器件结构

有机发光二极管根据器件中有机层数的不同，可以分为单层器件、双层器件、三层器件、多层器件等。

#### A 单层器件结构

单层器件是最简单的一种有机电致发光器件，简单来说，就是由一层有机发光材料夹在两个具有不同功函数的电极之间构成，如图 1-22 所示。当施加正向电压时，空穴和电子分别从阳极和阴极注入有机层中，经过相向输运后复合，最终发光。其中，基于一种有机材料的单层器件的性能通常较差，这是因为有机材料的载流子传输特性往往是单一的，它们很少会同时具有传输空穴和电子的双极性输运能力。而且，大多数有机材料的空穴运输比电子要快，当空穴和电子分别从电极注入有机层，经输运后在靠近阴极的位置发生复合，这时激子会在金属表面发生猝灭，大大降低器件的量子效率。另外，空穴和电子传输的不平衡性，会导致空穴大量积累无法形成激子，进一步降低器件的量子效率。

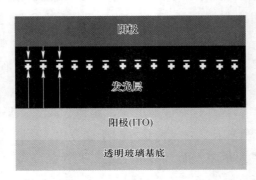

图 1-22　有机发光二极管的单层器件结构

　　为了改善器件性能，可以使用空穴和电子传输能力相当的有机材料作为发光层，或者将发光层的厚度增加使得载流子的复合区域远离正负电极。但是，有机材料的载流子迁移率通常较低，很厚的有机层会导致载流子不能有效地注入，降低了器件的功率效率。因此，单层结构的器件不易达到低电压和高效率的性能。

　　但是，如果将几种功能材料，如正负载流子注入/传输材料或发光材料等，通过共混旋涂或共混蒸镀等方式，合理地制备成一个单层有机薄膜，并同时可以有效地防止共混材料发生不利于发光的过程，如陷阱对载流子的捕获、电子和空穴材料之间的相互影响及非辐射能量转移等，也可以得到性能较好的单层器件[57]。

　　B　双层器件结构

　　双层器件通常是由阳极、与阳极能级匹配的空穴传输层（Hole Transport Layer，HTL）、与阴极能级匹配的电子传输层（Electron Transport Layer，ETL）和阴极组成的，如图 1-23 所示。双层器件中，空穴的传输往往要比电子的传输快两个数量级，而且空穴传输材料的 HOMO 能级低于电子传输材料的 HOMO 能级，使得空穴从 HTL 到 ETL 的传输受阻。因此，较快到达 HTL 与 ETL 界面的空穴大量聚集在界面处的 HTL 中，当电子到达界面附近时，可与此处的空穴复合，并有机会辐射发光。由于，界面处空穴的浓度较高，HTL 中的空穴容易向 ETL 扩散，会导致复合区域靠近电子传输材料，因而电致发光通常来自电子传输材料。

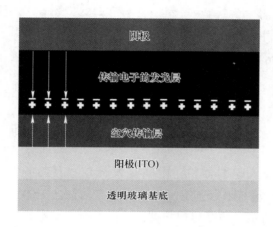

图 1-23 有机发光二极管的双层器件结构

双层结构的器件的优点主要体现在 3 个方面：

（1）空穴传输材料和电子传输材料可根据对应正负极的功函数来灵活地选择，这解决了电极的能级与有机材料的双向匹配问题，使器件中的空穴与电子易于注入，并达成传输平衡，有利于降低器件的启动电压和提高器件载流子的复合概率；

（2）由于双层器件可以分别选择空穴注入/传输和电子注入/传输材料，降低了对有机材料性能的要求；

（3）载流子的复合区域处于有机材料内部，远离两个电极，减少了两个电极对激子的猝灭效果，增加了光辐射的概率。

C　三层器件结构

为了提高器件的性能，人们对器件结构进行了进一步的优化，提出了三层器件结构，这种器件主要包括两种形式，如图 1-24（a）（b）所示。图 1-24（a）所示的器件依次由阳极、HTL、发光层、ETL 和阴极组成；图 1-24（b）所示的器件依次由阳极、传输空穴的发光层、限制层、传输电子的发光层和阴极组成。

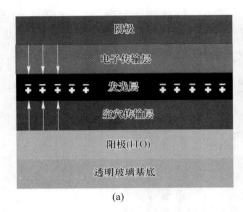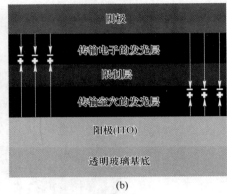

(a) (b)

图 1-24　有机发光二极管中间层为发光层的三层器件结构（a）和
中间层为载流子限制层的三层器件结构（b）

对于图 1-24（a）中的器件，中间是发光层，其特点是 HTL 具有较高的 LUMO，对电子的传输有阻挡作用，而 ETL 具有较低的 HOMO，对空穴的传输有阻挡作用。这类器件的优点是可以将载流子的复合区域很好地限制在器件的发光层内，防止可电极对激子的猝灭，提高了载流子的复合效率。另外，该器件结构每层分别起到一种作用，这使得功能材料的选择十分灵活，器件结构的优化也变得比较容易。对于图 1-24（b）中的器件，中间是限制层，这层有机材料可以部分限制空穴和电子的传输，结果使得在 HTL 和 ETL 都发生了载流子的复合，并产生光发射。这种器件结构除了具有双层器件的优势外，通过限制层的作用，使得器件产生了两个发光区域，可以产生不同的光色，这也是制备白光器件的一种方法[58]。

D　多层器件结构

为了进一步优化器件性能，或者得到某种光色的器件，可对上述三层器件结构做进一步的优化。如依次由阳极、HTL、掺杂磷光发光层、阻挡层、ETL 和阴极组成的经典的磷光机制器件结构，如图 1-25（a）所示。在这种结构的器件中，磷光材料需要掺杂在宽能隙的空穴传输材料中。而且，为了达到这一层发光的目的，必须在该层后面再加上一层阻挡层来提高器件载流子的复合效率和激子的辐射效率。其中，这个阻挡层有两个功能：（1）阻挡空穴进一步传输至 ETL；（2）防止三线态激子向 ETL 扩散。更进一步的器件结构，会在 HTL 和发光层之间再嵌入一层电子/激子阻挡层，来阻挡电子和激子向 HTL 扩散，如图 1-25（b）所示。

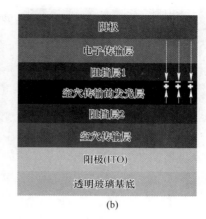

(a)                                                  (b)

图 1-25    有机发光二极管含空穴/激子阻挡层的多层器件结构 （a） 和
同时含空穴/激子和电子/激子阻挡层的多层器件结构 （b）

当然，为了优化器件性能或者得到特定光色的器件还有更为复杂的器件结构，如在 HTL 与阳极之间、ETL 与阴极之间分别加入电极修饰层[59]，或者加入化学掺杂的载流子传输层等[60-61]。另外，有机发光二极管器件结构根据发光层中发光材料存在的形式的不同，又可以将其分为主体发光和掺杂发光器件结构，如图 1-26 所示。

以三层器件结构为例，图 1-26 （a） 为主体发光器件结构，它依次由阳极、HTL、发光层、ETL 和阴极组成。这类器件具有结构简单、发光中心多等特点。然而，一些有机发光材料的分子在低浓度时发光很强，分子处于聚集态时却表现出了强烈的浓度猝灭特性，不适合直接应用于主体发光器件。但是，将这类材料掺杂在主体材料中，制备为掺杂发光器件后可以实现很好的电致发光，如图 1-26 （b） 所示。在掺杂发光器件中，除了掺杂材料可以直接捕获载流子，激子的形成过程还包括从主体材料到掺杂材料的能量转移过程。与主体发光器件相比，掺杂发光器件有很多优势，例如，掺杂发光器件既可以避免材料发光的浓度猝灭效果，又可以增强器件的稳定性[62]。另外，掺杂发光器件结构的设计更具灵活性。这是因为掺杂发光器件的电学特性和光学特性可以分开考虑设计：即发光层的载流子注入和传输过程可以通过选择主题材料来调节，不需要考虑掺杂材料，而发光层的发光性能则可以通过选择合适的掺杂材料来得到控制。

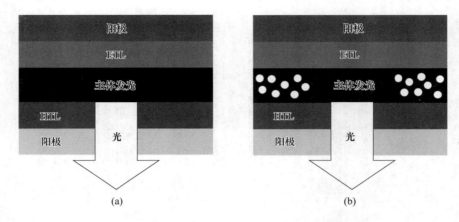

图 1-26 主体发光 (a) 和掺杂发光 (b) 的器件结构

### 1.1.2.2 有机发光二极管的工作原理

有机发光二极管属于载流子注入型发光器件。图 1-27 是其电致发光的工作原理示意图，器件发光的过程可以简单地分为 4 个步骤：

（1）电子和空穴的注入：有机发光材料夹在两个电极中间，并且有机薄膜与电极之间的界面通常被认为是欧姆接触。在施加外加电场后，有机薄膜的 HOMO 能级和 LUMO 能级将发生倾斜，按照图 1-27 的方式在 $x$ 方向上重新排布，分别使从阳极和阴极向有机材料的空穴和电子注入势垒（$\phi_{Bh}$ 和 $\phi_{Be}$）降低，这时空穴和电子分别克服电极到有机层的注入势垒注入有机层中。

（2）载流子的输运：注入有机材料 HOMO 能级上的空穴和 LUMO 能级上的电子形成了空间电荷，在电场的作用下，有机薄膜中的正负电荷主要以跃进的模式相向移动，形成有机发光二极管器件的电流。

（3）激子的产生：器件中的正负电荷相向传输，进入有机材料层的电子和空穴可以在某个位置相遇，一部分通过复合产生激子。

（4）激子经过辐射跃迁发光：激子通过辐射跃迁回到基态，并产生光辐射。

### 1.1.2.3 有机发光二极管的性能参数

在了解了有机发光二极管的主要器件结构和工作原理后，简单介绍一下有机发光二极管器件的主要性能参数。

A 启亮电压和驱动电压

启亮电压是通常是指器件亮度为 1 cd/m$^2$ 时所需的电压，启亮电压越小说明

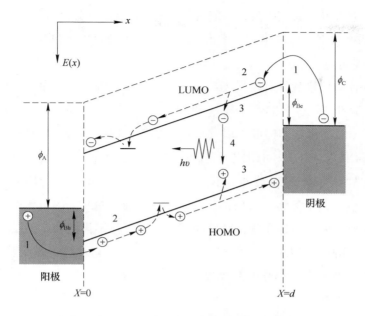

图 1-27  有机发光二极管的工作原理示意图

器件电极与有机薄膜材料之间的欧姆接触特性越好，载流子的注入仅需克服较低的势垒。当然，启亮电压不会小于有机发光材料的能隙，这是最小需要克服的本征势垒。

驱动电压是指器件正常工作所需要的电压，一般是在一定电流密度的条件下，如亮度为 20 mA/m$^2$ 时所需的电压。由于有机发光二极管为双载流子注入型发光器件，一般其驱动不会太大，可以在几伏特或者几十伏特的电压下正常工作。驱动电压取决于正负电极处的注入势垒，以及器件中载流子的迁移率。如果注入势垒较高，载流子的注入就需要较大的驱动电压来克服注入势垒，而较大的驱动电压不利于器件的稳定性。

B  发光效率

有机发光二极管器件的工作机制为载流子注入型发光，器件发光性能的好坏主要以发光效率来衡量，发光效率主要有 3 种表现形式：

（1）量子效率，即发射光量子数占注入载流子数的百分比，其单位为%。有机发光二极管的量子效率可分为内量子效率和外量子效率两种。其中，内量子效率为器件产生光辐射总光量子数与注入载流子的百分比，而外量子效率为从器件发射出来的总光子数与注入载流子的百分比。

（2）电流效率，即器件发射亮度占注入电流密度的百分比，单位为 cd/A。

（3）功率效率，即输出光功率占输入功率的百分比，单位为 lm/W。

C 色度坐标

色度坐标是用来表征有机发光二极管器件的发光颜色的。目前，国际上普遍使用的色度坐标为 1931 年国际照明委员会（Commission International de l'Eclairage，CIE）指定的标准，以（$CIE_x$，$CIE_y$，$CIE_z$）表示。如图 1-28 所示，颜色坐标（$CIE_x$，$CIE_y$）可组成马蹄状曲线，且三个坐标值满足：$CIE_x + CIE_y + CIE_z = 1$。马蹄形区域可以被分为不同的颜色区域。其中，马蹄形区域的中心点 $W$ 为饱和白色，其坐标为 $W(0.333, 0.333)$，马蹄状曲线上的点代表了色度饱和的单色光，离开曲线但还在颜色区域的点，代表颜色不再饱和，但具有一定的饱和度。曲线上的点，如红色 $A(0.67, 0.33)$ 与中心点 $W$ 相连，在线段 $AW$ 之间的其他红色光，如 $B$ 点，都是不饱和光，$B$ 颜色的饱和度为线段 $WB$ 与 $WA$ 的比值，也称为白色混入程度。

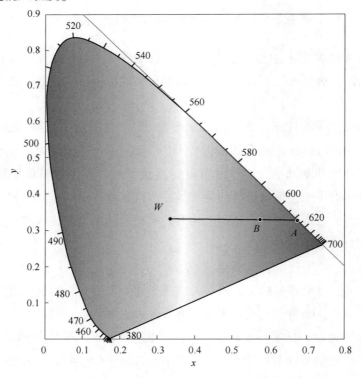

图 1-28 色度坐标曲线

（扫描书前二维码看彩图）

在显示器的应用中，显示器的颜色好坏可以用色彩饱和度来判定。显示器是由红、绿、蓝三种基础颜色组成的，通常这三种颜色越饱和，光谱越窄越好。在美国国家电视系统委员会（National Television System Committee，NTSC）制定的标准红、绿、蓝三基色的颜色坐标分别为（0.67，0.33）、（0.21，0.71）和（0.14，0.08）。显示器的三基色点组成的三角形区域被称为色域，该色域的面积与 NTSC 色域的面积之比即为色彩饱和度。色彩饱和度越高，颜色质量越好。

除了以上性能参数，判定有机发光二极管器件性能好坏的参数还有色温、显色指数（CRI）及器件寿命等。其中，色温与黑体表面的温度相关，即将黑体加热发出的光与光源相同或接近时的温度，定义为该光源的相关色温，以绝对温度 $K$ 表示。CRI 是判定光源颜色好坏的另一重要指标。它是待测光源下物体的颜色和标准光源下物体的颜色符合程度的一个度量，CRI 越高，其显色性能就越好，对颜色的还原性也就越好。

# 1.2 二维材料简介

综上所述，可发现有机光电器件虽说有众多优势，但是也存在一些问题有待解决，例如，与无机器件相比，有机光电器件的效率及稳定性都普遍偏差。造成这些缺点的主要原因为有机材料短的载流子传输距离、有限的电荷传输能力及弱的激子解离能力等。目前，解决这些问题的方法主要有对有机活性材料进行适当掺杂、合理设计器件结构或者对有机活性材料进行创新与开发等。其中，由于前两种方法对器件性能的改善具有一定的普适性，所以本书选取了这两种方法来改善器件性能。那么这些方法的核心问题就是功能材料的选取了。在众多材料中，以石墨烯为代表的二维材料由于其独特的光电特性受到了广泛的关注。

自从 2004 年，安德烈·海姆与其同事康斯坦丁·诺沃肖洛夫首次利用胶带机械剥落的方法从高定向热解石墨上成功分离出单层石墨片——石墨烯，用事实证明了二维材料可以在常温常压下稳定存在，自此开启了人们认识二维材料世界的大门[38]。石墨烯是由排列在二维蜂窝状晶格中的 $sp^2$ 杂化碳原子组成的。石墨烯十分灵活多变，是一系列众所周知的碳材料的基本构建体。如石墨烯经包裹可形成零维的富勒烯，经卷曲可形成一维的碳纳米管，或者经堆叠可形成三维的石墨，如图 1-29 所示[63]。

当石墨的维度从块体石墨减小到二维平面形成石墨烯后，特殊的 $sp^2$ 杂化平面结构赋予了石墨烯独特的光学和电学特性，这与块体石墨形成了鲜明的对比[38, 63]。如在室温下，石墨烯是目前电阻最小的材料，其载流子迁移率高达 $1×10^4$ $m^2/(V \cdot s)$[38]，透光性高达 97.7%[64]，杨氏模量高达 1 TPa[65]，热传导为 3000~5000 $W/(m \cdot K)$[66]。除此之外，石墨烯还具有很多其他优异的性能，如量子霍尔效应[67]、理论比表面积为 2630 $m^2/g$[68]、可塑性和重量轻等。石墨烯出色的物理和化学特性使其成为 21 世纪最为耀眼的明星材料。目前，石墨烯已经成功应用在了各行各业，如电子设备[69]、超快光学设备[70]、产能与储能[71-72]、化学传感器[73]、DNA 测序[74]等诸多领域。与此同时，各种各样关于石墨烯的概念产品也得到了验证[75]。

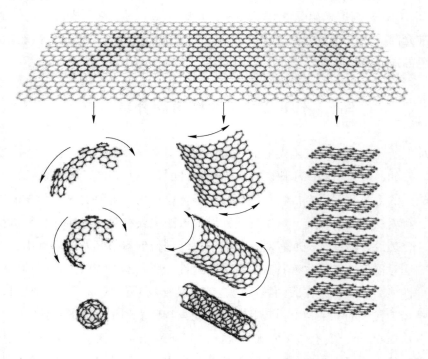

图 1-29　石墨烯构建不同维度的碳基材料

近年来，随着有关石墨烯研究的蓬勃发展，新型类石墨烯二维材料也同样引起了人们的广泛关注。这些具有与石墨烯类似的层状结构的新型超薄二维材料种类繁多，如绝缘体六方氮化硼、过渡金属氧化物、拓扑绝缘体（$Bi_2Te_3$）、超导体（$NbSe_2$）、二维过渡金属硫化物（$MoS_2$、$WSe_2$、$TiS_2$ 等）、黑磷和锑烯等[76-81]。而且这些新型类石墨烯二维材料的性能迥异，应用十分广泛。凭借二维材料丰富的可选择性和高度可调性，研究人员可根据不同的需求开发具有特定功能的超薄材料。基于此，本节将主要介绍二维材料的分类及其常用的制备方法。

## 1.2.1 二维材料的分类

二维材料种类繁多，功能各有千秋。为了方便区分和选择，对二维材料进行以下分类。

### 1.2.1.1 单元素二维材料

具有类似石墨烯单层原子排列的六角形蜂窝晶格结构的单元二维材料一般统称为 Xenes（2D Monoelemental Materials）。包括：ⅢA 的硼烯，ⅤA 的石墨烯、石墨炔[82]、硅烯、锗烯和锡烯，ⅤA 的黑磷、砷烯、锑烯和铋烯，以及ⅥA 硒烯和碲烯等，图 1-30 分别列出了它们的晶体结构示意图[83]。然而，这些材料独特的特定原子排列产生了巨大的多样性，而这些作为石墨烯类似物的单元素二维材料是合成探索中化学上最易处理的材料，因此引起了广泛的关注和研究。

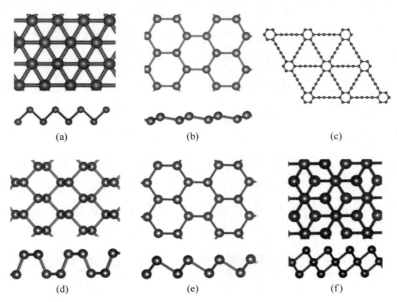

图 1-30 单元素二维材料结构示意图

（a）硼烯；（b）石墨烯、硅烯、锗烯、锡烯；（c）石墨炔；
（d）二维黑磷；（e）砷烯、锑烯、锗烯；（f）硒烯、碲烯

其中，ⅢA 的硼烯整体表现出金属性质，但在不同方向上具有较高的各向异性。特别是带扣三角形结构的硼烯具有狄拉克锥形带结构，因此在室温下具有极高的载流子迁移率。在光学性质上，硼烯的吸收和反射也是各向异性的。它在可见光区具有很高的反射率，随着层数的增加，透射区变得更窄，并向紫外区移动。作为ⅤA 族的单元素二维材料，硅烯、锗烯和锡烯具有许多与石墨烯相似的性质。单层硅烯、锗烯和锡烯都是零带隙半金属，具有狄拉克锥，能吸收广谱光。由于狄拉克锥的存在，它们的载流子迁移率很高，可达 $10^5$ cm$^2$/(V·s) 数量级，并且由于六边形晶格的对称性，电子和空穴在不同方向上均匀迁移。

石墨炔是碳的另一种同素异形体，它是由具有 sp 和 sp$^2$ 键合的碳原子组成的单原子厚的片状结构材料。然而，由于硅、锗和锡比石墨烯具有更大的原子质量和屈曲结构，自旋轨道耦合（Spin Orbit Coupling，SOC）更强，从而在狄拉克点打开带隙，使它们成为量子自旋霍尔（Quantum Spin Hall，QSH）绝缘体。同时，在 SOC 的作用下，光吸收沿带隙边缘会迅速增加。

对于ⅤA 的单元素二维材料，它们主要包括磷烯、砷烯、锑烯和铋烯。在磷烯中，黑磷（Black Phosphorus，BP）的能量最低。BP 是由一个磷原子与另外三个磷原子通过共价键形成单层褶皱的蜂窝结构的层状材料。BP 的体材料是一种具有窄带隙的半导体。随着层数的减少，直到单层，带隙始终保持直接带隙的特点，但带隙值不断减小。此外，SOC 对 BP 的电子带结构没有明显的影响。尽管带隙较宽，但 BP 的载流子迁移率相对较好，且以空穴为主，呈现各向异性。与 BP 类似，砷、锑和铋的带隙都随层数的变化而变化。与ⅢA 和ⅤA 的单元素材料不同，ⅤA 的单元素二维材料由于具有较宽的带隙，具有较好的光吸收和发光性能。值得注意的是，BP 在中红外和近红外光谱中的光导率和吸收光谱也会受到层数的影响。

另外，目前对ⅥA 二维材料的研究较少。已知正方形的硒烯和碲烯（Square Selenene 和 Square Tellurene）呈现半狄拉克色散关系，在 SOC 的作用下，其间接带隙会被打开。有理论研究表明[84]，具有类似 1T-MoS$_2$ 结构的单层碲烯是一种间接带隙半导体，在整个可见光区具有较强的光吸收，SOC 效应可以将其间接带隙改变为直接带隙，并有效地增强其光吸收。

#### 1.2.1.2 二维金属硫族化物

过渡金属二硫族化物的化学计量通式可表述为 $MX_2$，其中 M 代表过渡金属元素，如 Mo、W、Ti、Nb、Re、Pt 等元素；X 代表硫族元素，如 S、Se 或 Te。过渡金属二硫族化物大概包含了 40 多种不同类型的具有二维层状结构的材料，如图 1-31（a）所示[85]。二维过渡金属硫化物构成了最有趣的一类材料，它们显示出广泛的重要特性，如半导体性、半金属磁性、超导性或电荷密度波，以及在润滑、催化、光伏、超级电容器和可充电电池系统等各个领域的应用[77]。而层状过渡金属二硫族化物是具有三原子厚度的层状结构材料，其晶体结构可以形象地描述为一层过渡金属插在两层硫族元素之间的三明治结构，层内金属原子与硫族原子通过共价键的方式连接，如图 1-31（b）（c）所示。

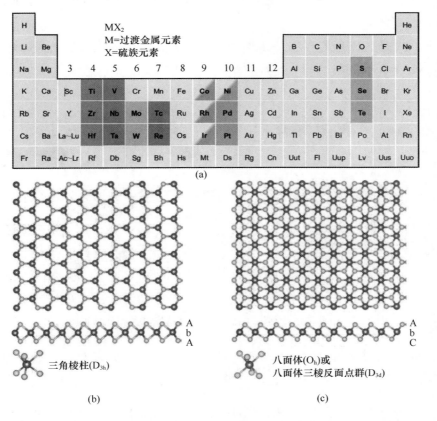

图 1-31 40 多种层状过渡金属二硫族化物在元素周期表中的分布图（a），具有三角棱柱（2H）（b）和八面体（1T）（c）配合的单层过渡金属二硫族化物的示意图

相比其他二维材料，二维过渡金属二硫族化物的独特之处在于其多晶结构，如六方晶系（2H）、三方晶系（1T）和菱形晶系（3R）是二硫化钼（$MoS_2$）的 3 个常见晶体结构。$MX_2$ 的晶体结构取决于过渡金属原子和卤素原子之间的配位方式及各层之间的衔接顺序。在 2H-$MX_2$ 中，过渡金属原子和卤素原子之间的配位是具有 $D_{3h}$ 点群对称的三角棱体（蜂窝状）；在 1T-$MX_2$ 中，过渡金属原子和卤素原子之间的配位是具有 $C_{3v}$ 对称的八面体（中心蜂窝状）。具有不同晶体结构的同质材料对应的物化特性也大不相同。

根据金属原子的配位和氧化态，层状过渡金属二硫族化物可以具有半导体的性质（例如，M = Mo，W 等）或具有金属性质（例如，M = Nb，Re 等）。$MoS_2$ 就是一种典型的层状过渡金属二硫族化物材料。与石墨和六方氮化硼不同，$MoS_2$ 的层由 Mo 原子和 S 原子交替位于顶角位置的六边形组成，如图 1-32 所示。$MoS_2$ 对于干润滑，以及作为加氢脱硫催化剂用于从油中去除硫化物和析氢是非常重要的一种材料[86]。

除此之外，还有Ⅲ-Ⅴ主族金属元素与硫族元素组成的二维金属硫族化物，如 GaSe、InSe、GeSe、SnS、SnSe、$SnS_2$、$SnSe_2$ 和 $Bi_2Te_3$ 等[77, 87]。

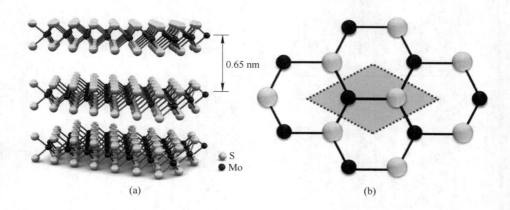

0.65 nm

● S
● Mo

(a)                                         (b)

图 1-32  层状的原子结构示意图（a）和蜂窝状晶格的顶视图（b）

### 1.2.1.3  表面被 O、OH 或 F 原子封端的二维过渡金属碳化物或氮化物（MXenes）

三元碳化物和氮化物的一般化学计量公式为 $M_{n+1}AX_n$。其中，$n$ 的取值为 1、2、3；M 表示过渡金属，如 Mo、Ti、V、Cr、Nb 等；A 主要为ⅢA 或者ⅣA 族元素；X 表示 C 或 N。这些元素组合在一起形成具有各向异性的层状结构。这些所谓的 MAX 相是由层状六边形的晶体构成的（属于空间群 P6/mmc），每个单元由两个公式单元组成，如图 1-33（a）所示[88]。紧密排列的 M 层与纯 A 元素层相互交错排列，X 原子填充在 M 层之间的八面体位点上。该家族中目前已知存在超过 60 个 MAX 相，而 $Ti_3AlC_2$ 是研究最广泛和最有前途的成员之一。如图 1-33（b）（c）所示，Yury Gogotsi 等报道了从 $Ti_3AlC_2$ 中去除 Al 原子而形成一种新的二维材料的过程[88]。简单来说就是利用氢氟酸的水溶液对 $Ti_3AlC_2$ 进行刻蚀反应，在这个过程中原材料中 Al 原子会被—OH 或者—F 表面基团取代，随后在甲醇中采用液相辅助超声剥离法将材料中的氢键破坏，进而生成含有—OH 或者—F 表面基团的层状 $Ti_3C_2$。Yury Gogotsi 等为了以强调其类似石墨烯的形态，遂将这类材料命名为了"MXene"。

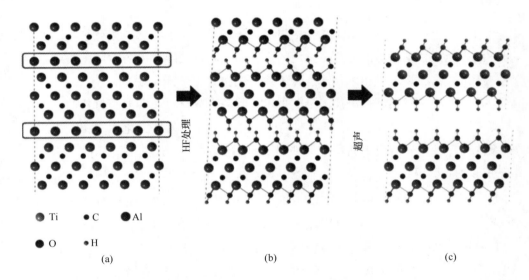

图 1-33  剥离 $Ti_3AlC_2$ 的流程示意图

（a）$Ti_3AlC_2$ 的结构；（b）与 HF 反应后，Al 原子被 OH 取代；

（c）在甲醇中超声后氢键断裂剥离得到纳米片

（扫描书前二维码看彩图）

还有其他二维材料，如二维金属氧化物或氢氧化物，包括 $TiO_2$ 纳米片、$WO_3$ 纳米片、$Ni(OH)_2$ 纳米片等；

过渡金属二维材料，包括二维贵金属纳米片等；

二维有机材料，包括并五苯、二维金属有机框架、二维共价有机框架等。

## 1.2.2 二维材料的常用制备方法

在了解了二维的材料的分类后，接下来介绍一下常用的制备二维材料的方法。按照二维材料不同的生长机理，其常用的制备方法大致可分为两类：自下而上和自上而下。自下而上主要包括化学气相沉积法和分子束外延生长法等，自上而下主要包括机械剥离法、液相剥离法等。这些制备方法为二维材料的制备提供了多种选择，让我们可以根据不同的应用需求，综合考虑制备成本和材料质量来选择相应的制备方法。但是为了实现材料的大规模应用，找寻廉价的、高质量的制备方法一直是科学研究者们毕生追寻的目标。以下是关于制备二维材料两种不同方法的具体介绍。

### 1.2.2.1 自下而上

自下而上制备二维材料是一种由组成二维材料的原子、离子或分子在力的驱动下组合生成二维材料的方法。常用的自下而上制备二维材料的方法主要包括化学气相沉积法、物理气相沉积法、外延生长法和湿化学合成法等。

传统的化学气相沉积法技术早期是用来制备高纯材料或者薄膜材料的，如在基底上生长 W、Ti、Ta、Zr、Si 等材料。经过数十年的发展，化学气相沉积法被开发成为一种用于合成大面积和高质量二维材料的常用方法[89]。目前，化学气相沉积法可用来制备石墨烯[90]、六方氮化硼[91]、$MoS_2$[92]、$WS_2$[93]、$MoSe_2$[93]、$WSe_2$[94]、$MoTe_2$[95]和 $ReS_2$[96]等多种高质量的二维材料。如图 1-34 所示，Liu 等[97]报道了一种利用化学气相沉积法两步法生长高质量石墨烯/六方氮化硼异质结的方法。另外，最近研究表明，利用范德瓦耳斯外延生长法同样可以用来制备高质量的锑烯[98]。虽然以上方法制备二维材料有诸多优势，但是这些方法的工艺复杂、成本高、产量低等特点限制了这种技术的大规模应用。

图 1-34　利用化学气相沉积法两步法在铜箔上生长 Gr/六方氮化硼的流程图

　　而对于大规模制备超薄二维材料，湿化学合成法是一个不错的选择[99-100]。湿化学合成法代表了在适当实验条件下依赖前驱体在溶液相中进行化学反应的所有合成方法。湿化学合成法主要包括溶剂热合成法、二维定向附着法、纳米晶自组装法、二维模板合成法等方法。用湿化学合成法制备的二维材料虽然产量大，但是用这种方法制备的二维材料自身往往会带有很多缺陷，或者表面会附着很多其他异质元素，这都会对材料的固有性质产生很大的影响。由于目前通过自下而上制备二维材料的方法表现出的局限性使得开发廉价高质量合成二维材料的自下而上的方法显得尤为重要和紧迫。

### 1.2.2.2　自上而下

　　机械剥离或液相剥离都是典型的自上而下制备二维材料的方法。在剥离过程中，通过驱动力破坏块体层状材料各层之间的弱范德瓦耳斯力相互作用来获取相应的二维材料。理论上，这两种方法都可以制备得到具有较为完整晶体结构的二维材料。

　　机械剥离主要包括胶带法和球磨法等。其中通过使用透明胶带首次剥离得到一个原子厚的石墨烯就是利用机械剥离法制备二维材料最具代表性的一个例子，利用这种方法可以获得几乎没有缺陷的高质量石墨烯。这种操作简易的剥离技术已成为一种验证理论强有力的方法[38]。但是由于这种方法制备的二维材料产量低，并且形貌不好控制，一定程度上制约了材料的广泛应用。

　　液相剥离是另一种自上而下的剥离方法，这种剥离方法可将层状晶体材料在溶剂中剥落以获得相应的二维材料。液相剥离法一般可以细分为：机械力辅助液相剥离法、超声辅助液相剥离法、剪切力辅助液相剥离法、离子插层辅助液相剥离法、离子交换辅助液相剥离法、氧化辅助液相剥离法和选择性刻蚀辅助剥离法。而在液相剥离的实际操作过程中经常会同时用到以上几种不同原理的液相剥离的方法以便可以更为高效地制备二维材料。图 1-35 为利用液相剥离法剥离石墨制备石墨烯的流程示意图[101]。

　　在液相剥离过程中，通过超声处理破坏块体材料层与层之间弱范德瓦耳斯力相互作用的关键因素是匹配溶剂（例如 N-甲基-吡咯烷酮和二甲基甲酰胺）或嵌入剂（例如丁基锂）[102-105]。在众多液相剥离的方法中，氧化辅助液相剥离法是

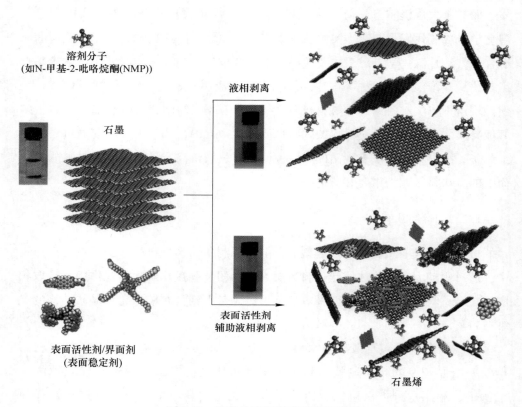

溶剂分子
(如N-甲基-2-吡咯烷酮(NMP))

液相剥离

石墨

表面活性剂
辅助液相剥离

表面活性剂/界面剂
(表面稳定剂)

石墨烯

图 1-35 石墨的液相剥离过程示意图

其中一种经典的剥离氧化石墨烯（GO）的方法。如利用 Hummers 可大规模合成 GO[106-108]，首先将大块石墨氧化形成氧化石墨，然后可以将氧化石墨通过离心清洗和超声剥离得到 GO。随后，可通过去除含氧官能团获得还原的氧化石墨烯（rGO）。虽然液相剥离法一般都是低成本和简单易操作的，但是用这些方法制备的二维材料会存在许多官能团或残留溶剂分子和离子，这都会影响二维材料的固有特性。为了解决这个问题，可以通过后处理尽可能地去除表面残留物质以减少对材料的负面影响，或者根据特定功能选择有利溶剂进行液相剥离。如可以选择离子液体作为液体介质来辅助剥离制备二维材料，这种方法绿色、环保而且高效。目前，利用离子液体超声辅助液相剥离的方法已经成功应用在了制备石墨烯[109]、$MoS_2$[110]和黑磷[111-112]等材料上。综合考虑制备成本和材料质量等一系列因素，液相剥离法是目前最有希望投入大规模生产使用的方法之一。

# 1.3  二维材料在有机光电器件中的研究现状

二维材料种类众多而且功能特性各异，但考虑到二维材料的光电特性与应用，本节主要介绍以类石墨烯二维材料和过渡金属硫化物为中心的二维材料在有机光电器件中应用的研究现状。

石墨烯作为一种碳的同素异形体，它具有很多优异的性能。尤其是石墨烯以其出色的光学性能（高透光性，在可见光谱中的透射率为 97.7%）和电学性能（高电导率：$10^6$ S/m）给超薄电子产品、超快光子及显示技术等应用领域的研发带来了颠覆性的技术革命[63, 113-114]。如图 1-36 所示，Yan 等[115] 成功制备了石墨烯作为透明顶电极的高效的倒置有机太阳能电池。而且石墨烯的双极性电传输特性使其可以同时用作有机光电器件的阳极和阴极，这有助于实现半透明有机光电器件的制备，如透明显示器或用于装饰的太阳能电池玻璃。

图 1-36  倒置 OPV 的结构示意图

石墨烯虽然在有机光电器件的应用中已经取得了一定的成就，但是其零带隙半金属的固有特性还是限制了它在某些半导体有机光电器件中的应用潜力，如在有机太阳能电池和有机发光二极管的活性层中或电极修饰层中的应用。这就迫切地需要寻找具有适合带隙的二维材料来填补这个空白。

图 1-37 给出了一些常见二维半导体材料的带隙情况。化学元素周期表的第

三主族中除石墨烯以外还有硼烯及处于第四主族的硅烯和锗烯等都是零带隙的二维材料。过渡金属二硫化物是单层级的直接带隙半导体，但大多数二维过渡金属二硫化物的带隙是在 1.5～2.5 eV[116]，对于太阳能电池的活性层材料来说其带隙较大，不是理想的太阳能电池活性层材料。而且，大多数未经过处理的二维过渡金属二硫化物的功函数是在-4.7～-4.4 eV，这与最常用的光伏器件阳极 ITO 的功函数不匹配，不适合用作空穴传输层或注入层[117-120]。

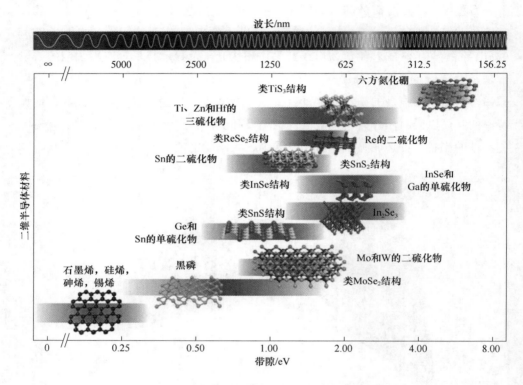

图 1-37 二维半导体材料家族常见材料的带隙值

最近，在第五主族中具有和石墨烯类似结构的黑磷走进了人们的视野。黑磷一经问世就迅速引起了科研工作者的广泛关注，黑磷同样具有十分优异的光电性能，而且黑磷拥有 0.3～2.5 eV 的可调带隙。黑磷在有机光电器件方面的应用表现出了巨大的应用潜力[121-122]。科研工作者经过短短几年的研究，已经使黑磷成功地应用在了有机光电器件中，并在改善器件性能方面取得了较好效果[123-125]。但黑磷在空气中不能稳定保存的特性极大地限制了黑磷在工业上的应用前景[126-127]。幸运的是，最近，在与黑磷的同一主族中又发现了一种新型的具有层状结构的锑烯。锑烯同样具有出色的光电性能与力学性能，且在空气中可以稳定保存，它是一种有待开发的并极具潜力的光电材料[79-80, 128-132]。

### 1.3.1　二维材料在有机太阳能电池中的应用

虽然最近几年关于有机太阳能电池的研究得到了突飞猛进的发展，如结合富勒烯受体（高电子迁移率）和非富勒烯受体（强可见光和近红外光吸收）优势的单结有机太阳能电池的最高功率转换效率可以达到 19.3%[19]，而基于非富勒烯受体先进的串联有机太阳能电池的最高功率转换效率达到了 20% 以上[20]。但是与无机太阳能电池和钙钛矿太阳能电池的功率转换效率相比，有机太阳能电池还是有明显差距的。其限制因素主要有两点：（1）有机半导体活性材料的能带隙较宽，这导致其吸光效率较低；（2）有机半导体的活性材料的低载流子迁移率不仅会限制活性层的厚度，而且还会不利于激子的高效解离和电荷的高效传输[133]。那么，为了改善有机太阳能电池的性能，除开发具有窄能隙给体材料和非富勒烯受体材料的方法外，修饰活性层或修饰活性层与电极之间的界面也是改善器件性能的有效方法[30-31, 123]。而在用于修饰的材料中，具有单原子层厚度的二维材料由于其杰出的光学和电学特性等特点在改善有机太阳能电池性能的方面已经表现出了的相应的应用潜力。

近年来，一些新型二维（2D）半导体材料由于其具有高透光性、高载流子迁移率、可调能级结构、易于功能化的表面、优异的力学性能以及可低温溶液加工等优点，有望用于解决上述问题。到目前为止，许多二维材料已经成功应用在了有机太阳能电池中，如石墨烯[52, 134-136]、过渡金属二硫化物[137-141]、黑磷[123-125] 等。由于有机太阳能电池活性材料的能带隙要求最好在 $0.1 \sim 1.0$ eV[142]，所以尽管石墨烯有高的热传导性、化学稳定性和载流子传输性等优点，石墨烯作为一个零带隙的材料并不适合用来修饰或者充当有机太阳能电池的活性层材料。

另外，过渡金属二硫化物通常具有 $1.2 \sim 2.1$ eV 的可调带隙和 $1 \sim 500$ cm$^2$/(V·s) 的载流子迁移率[143]。其中，由于 WS$_2$ 具有合适的功函数及较高的电子迁移率，Thomas D. Anthopoulos 等将 WS$_2$ 用作有机太阳能电池的空穴传输层，最优器件的功率转化效率可达 17%[140]。然而，TMDs 并不是没有缺点，如较低的载流子迁移率（TiS$_2$ 约 7 cm$^2$/(V·s)）和电导率[143-144]，以及大多数 TMDs（MoS$_2$、WS$_2$ 等）会表现出较强的光催化活性等[145]，这些性质都不利于进一步提升器件的效率或长期稳定性。

而对于氮族单元素二维材料，它们普遍具有明显的褶皱结构，而且每个原子形成 sp³ 杂化与相邻原子产生 3 个键，并在原子表面留下配位孤对电子，这一结构特点使氮族单元素二维材料通常具有优异的半导体特性和高的载流子迁移率[146]。例如，黑磷具有依赖层数可调的能隙结构（从体材料的 0.3 eV 到单层的 2.0 eV），以及双极导电特性和超高的载流子迁移率（单晶约 1000 cm²/(V·s)），以上这些特点使得黑磷在改善有机太阳能电池中性能的领域中展现出了极大的应用前景。正如香港理工大学 Yan 等的报道，他们将黑磷量子点掺杂在有机太阳能电池的活性层材料中制备得到了高效的有机太阳能电池，如图 1-38 所示。与不掺杂黑磷量子点的标准器件相比，掺杂黑磷量子点的最优器件的功率转换效率提高了 10.7%。尽管，黑磷在改善有机太阳能电池性能方面的研究已经取得了很大进展，但黑磷在大气环境中容易发生降解的这一特性极大地限制了黑磷在有机太阳能电池中的应用前景[127]。

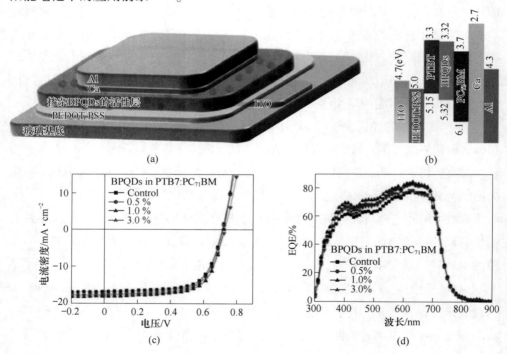

图 1-38 黑磷 QDs 掺杂有机太阳能电池活性层的结构示意图（a），黑磷 QDs 基有机太阳能电池的能级水平图（b），有机太阳能电池的亮态 *J-V* 特征曲线（c）和外量子效率特征曲线（d）

（扫描书前二维码看彩图）

因此，迫切地需要找到一种与黑磷具有类似性质，但在空气中可以稳定保存的二维材料用于改善有机太阳能电池活性层的性能。最近研究表明，与黑磷处于同主族中的锑烯具有适合的能级水平，而且结构稳定，有望应用于改善有机太阳能电池的性能。

锑烯存在两种稳定的相，α 相锑烯具有与黑磷类似的不对称搓衣板结构，而 β 相锑烯则表现为对称搓衣板状的褶皱蜂窝结构。其中，β 相锑烯可以通过超声辅助液相剥离法、分子束外延生长法、溶胶凝胶等方法成功制备，并且已经应用在了非线性光学、光热治疗癌症、化学储能、光伏器件等多个行业[147]。

在能级水平研究方面，2018 年曾海波课题组利用第一性原理预测了独立存在的单层 β 相锑烯具有 2.28 eV 的间接带隙，多层锑烯带隙为 0 eV 的可调带隙，并且结构稳定[129]。同时也有理论研究表明，单层锑烯具有更小的能带隙水平，如 0.76 eV[148]、1.58 eV[149] 等。宋军团队则通过实验证实锑烯具有依赖其厚度可调的能隙结构（0.8~1.44 eV）[150]。

在载流子迁移率研究方面，Fiori 等则通过理论研究证实，β 相锑烯具有高达 630 cm$^2$/(V·s) 和 1737 cm$^2$/(V·s) 的电子迁移率和空穴迁移率[151]。张浩等研究发现，α 相锑烯在沿 $b$ 方向上，甚至表现出了高达 7225 cm$^2$/(V·s) 的电子迁移率，以及可以比肩石墨烯的 10$^5$ cm$^2$/(V·s) 数量级的空穴迁移率[152]。

综上所述，锑烯表现出了极其优异的光电性能，可用于改善有机太阳能电池的光伏性能。如 Song 等将少层锑烯纳米片与 PTAA 组合一起充当钙钛矿太阳能电池的空穴传输层，改善了器件的空穴提取效率，并且电池的功率转换效率得到了 14.05% 的提升[153]，如图 1-39 所示。虽然锑烯已经表现出了一定的光电性能，但目前锑烯的制备方法还不成熟，其产量极低，这将会限制锑烯的进一步研究与应用。

### 1.3.2　二维材料在有机发光二极管中的应用

有机发光二极管作为有机光电器件的另一大分支，由于其具有自发光、广视角、柔性、半透明等众多优点，已经被广泛地使用在了固态照明和柔性显示等领域[154-159]。但是有机发光二极管现在同样面临着效率低和稳定性差等一系列问题亟待解决。

在有机发光二极管中空穴注入层对载流子注入、载流子传输和光提取这几个方面起着关键作用，所以高效的空穴注入层对有机发光二极管至关重要。近些年

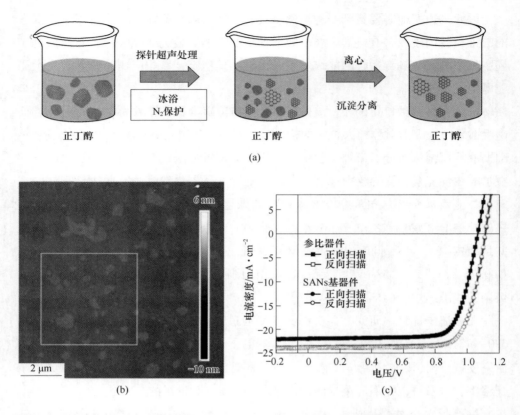

图 1-39　锑烯纳米片的制备流程示意图（a），锑烯纳米片的原子力显微镜（AFM）图（b）
和在不同扫描速率下标准有机太阳能电池和锑烯纳米片基有机太阳能电池的
亮态 $J$-$V$ 特征曲线（c）

空穴注入层材料的开发也受到了科研工作者们的广泛关注[160]，各种各样的空穴注入材料相应问世，如 $MoO_3$[161]、$WO_3$[51]、$NiO$[162]、$V_2O_5$[163]、酞菁铜（CuPc）[164]、聚（3,4-乙烯二氧噻吩）单体、聚苯乙烯磺酸盐（PEDOT:PSS）[165]等。在这些空穴注入材料中，PEDOT:PSS 凭借其透明、易于合成和成膜性好等优势，成为被广泛研究的对象和最常用的空穴注入材料之一。但是 PEDOT:PSS 的功函数相对常用阳极 ITO 还是比较高的，功函数的不匹配会导致阳极 ITO 到 PEDOT:PSS 层之间存在一个较大的空穴注入势垒，进而导致一个较高的启亮电压（$V_{on}$）。另外，为了得到更为高效的有机发光二极管，PEDOT:PSS 的载流子传输能力也需要进一步改进。为了解决这些问题，就需要对 PEDOT:PSS 进行一些适当的修饰以便获得更高效的空穴注入层。

　　近年来，有很多材料已经被报道可以用来修饰有机光电器件电极与活性层之间的界面，以达到钝化表面缺陷、调控材料功函数或者抑制激子复合损失的效果[124, 166-167]。尤其是具有单原子层厚或者几个原子层厚的二维材料，其在制备超薄、柔性光电器件方面展现出了巨大的潜力。例如，石墨烯作为透明电极可以制备得到更高效的有机发光二极管[54-55, 168-171]，但是石墨烯由于其低功函数的特性和疏水性（不易加工）决定它不适合充当有机发光二极管的空穴注入层，如图 1-40 所示[172]。可见，二维材料在有机发光二极管中充当高效空穴注入层的研究仍面临着挑战。作为石墨烯的衍生物 GO 虽然拥有良好的水溶性和较高的功函数，但是它较弱的载流子传输能力限制了它在有机发光二极管中的应用前景[173]。而过渡金属二硫化物的功函数一般在 $-4.7 \sim -4.4$ eV，如 $MoS_2$[117]、$WS_2$[118]、$TaS_2$[119]等，这些材料也不太适合做有机发光二极管的空穴注入层。虽然黑磷在有机太阳能电池和钙钛矿电池中已经展现出了杰出的性能[123, 174]，但黑磷在空气中容易自发降解的特性极大地影响了黑磷的应用。而最近发现的与黑磷处于同主族中锑烯具有和黑磷类似的光电性能，并且锑烯在大气环境下表现出了优异的稳定性。综上所述，锑烯有望用作高效空穴注入层来改善有机发光二极管的性能。

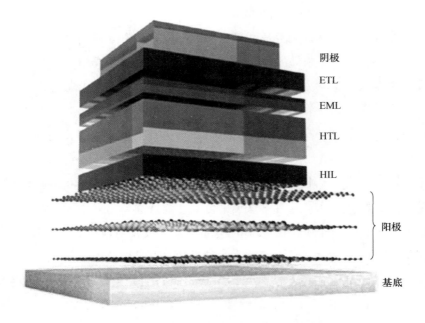

图 1-40　石墨烯用作有机发光二极管的透明电极

### 1.3.3　二维材料的光限幅特性

在了解了二维材料在有机光电器件中的发展现状后，可以发现一些二维材料表现出了优异的光学特性，但是对二维材料具体的光学吸收特性还不甚了解。鉴于此，本节从非线性光学的角度来介绍二维材料的一些光学性质。非线性光学（Nolinear Optics，NLO）是指在强相干光（主要为激光）照射下，物体产生非线性光学的现象[175]。即在入射光作用下，物质的极化强度（$P$）与入射光电场强度存在一定的关系，它们可以用式（1-7）来表达[176]：

$$P = \sum_{i=1}^{n} \alpha^n E^n \tag{1-7}$$

式中　$P$——宏观材料的极化强度；

　　　$\alpha$——宏观材料的极化率；

　　　$E$——入射光的强度。

当入射光强度较低时，物质的 $P$ 与入射光强度呈线性关系，即 $n$ 取 1。当入射光强度足够高时，物质的 $P$ 与入射光强度呈非线性关系，即 $P$ 的强度不仅与光波长的线性项有关，还与光波长的更高阶项有关，如当 $n=3$，$P^2=\alpha^2 E^2$ 和 $P^2=\alpha^2 E^2$ 分别代表二阶和三阶非线性极化强度。

二阶非线性光学材料大多是不具有中心对称的晶体材料，而三阶非线性光学材料不受中心对称这一条件的限制，可以是气体、液体、液晶、等离子体或原子蒸汽等，所以三阶非线性光学的研究更为广泛一些。三阶非线性光学材料的主要应用有激光锁模、光开关、光限幅等。

在过去的几十年里，非线性光学的测试方法有很多，如三波混频[177]、简并四波混频[178]、三次谐波法[179]、非线性干涉法[180]、光束畸变法[181]及非线性椭圆偏振法[182]等。目前，最为常用的测试方法是由 M. Sheik-Bahae 等[183-184]提出的单束光 $Z$-扫描技术。这种方法灵敏度高、装置简单易操作，更重要的是用这种方法可以同时得到非线性极化率的实部和虚部及其对应的符号。图 1-41 展示了利用 $Z$-扫描技术测试样品非线性光学特性的光路简图。

图 1-41 中，入射光为脉冲激光，当激光照射到分束器上后，激光将被分为两束。一束被 $D_1$ 探测器接收，另一束经凸透镜聚焦后穿过样品被 $D_2$ 探测器接收。当样品在焦点附近（$Z$ 轴处左右，因此称为 $Z$-扫描曲线）移动时，$D_1$ 探测

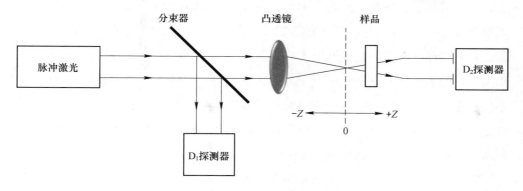

图 1-41 *Z*-扫描实验光路图

器和 $D_2$ 探测器将会记录下一系列数据，最终我们会得到两条实验曲线：一条是 $D_2/D_1$ 曲线，由于 $D_2$ 接收的是激光透过样品后整个光斑的能量，它反映了样品处于不同位置的非线性吸收情况，这条曲线被称为"开孔"*Z*-扫描曲线；当在 $D_2$ 探测器前面加一个小孔，将会得到另一条曲线 $D_2^*/D_1$，这条曲线反映的是样品在测量面上光轴附近的能量变化（与非线性折射和非线性吸收都有关），这条曲线被称为"闭孔"*Z*-扫描曲线。将 $D_2^*/D_1$ 数据除以 $D_2/D_1$ 数据即可得到样品的非线性折射曲线。通过 *Z*-扫描技术，样品的非线性吸收强度和非线性折射率可同时得到，而且还可以区分其正负性。

在各种非线性光学材料中，光限幅材料是其中的一个重要分支，可应用于激光束整形和激光防护[185-188]。光限幅现象主要表现为：当入射光能量较低时，材料会有一个较高的线性透过率，随着入射光能量的增加，材料的透射率随之线性增加。但是，当光强超过一定值后，材料会表现出非线性光学特性，透过率急剧下降，以达到限制强光通过的效果。

目前，有很多材料已经被开发用作各种光限幅器，例如无机碳基材料[189-190]、导电聚合物[191]、小有机物分子[192]、量子点[193-195] 及二维材料[196]。与所有其他光限幅材料相比，二维材料由于其特殊的二维电子结构而受到了广泛的关注[38, 197]。自从 2004 年首次发现石墨烯后，石墨烯和类石墨烯二维材料的光限幅特性立即成为一个研究热点[198-203]，并且类石墨烯二维光限幅材料的开发取得了重大进展，如过渡金属二卤化物（$MoS_2$[201]、$WS_2$[202]）和黑磷[203] 等。在已报道的二维光限幅材料中，零带隙的石墨烯表现出了弱电子开/

关比，这限制了它在非线性光学中的应用[88]。二维过渡金属卤化物的能带隙范围通常在 1~2.5 eV，它们较宽的带隙不适用于近红外非线性光学设备[204-205]。黑磷具有与厚度有关的直接带隙（0.3~1.5 eV），在可见光和近红外区域均表现出了良好的非线性光学特性[206-207]。但遗憾的是，黑磷在空气中容易发生降解，不能稳定存在[208-209]，而且合成单原子层黑磷过程复杂且造价昂贵。因此，急需开发一种在空气中可以稳定保存的，易于制备的，且同时具有窄的能带隙的二维材料用于近红外区域的非线性光学设备。

最近在空气中可以稳定存在的锑烯的发现弥补了这一空缺，而锑烯同样可从其对应的半金属块体锑上剥离得到[80, 128]。根据已报道的理论计算结果显示，单层锑具有 1.2~1.3 eV 的带隙和出色的物理性能，例如高的载流子迁移率和导热率等[129-131]。锑烯在近红外非线性光学中表现出了很好的应用前景，如光学开关、克尔快门、光束整形器、高速光通信和激光锁模等[210-212]。目前，Zhang 等[210] 已经在可见光波长范围内研究了少层锑烯和锑量子点的非线性光学响应，结果表明锑烯具有 $10^{-5}$ cm²/W 的非线性折射率，高达 12 dB 的消光比和 18 GHz 频率的调制高速信号的波长转换[211]。另外，Zhang 等[212] 的研究还表明，少层锑烯可以表现出非线性饱和吸收特性，如图 1-42 所示。虽然目前关于锑烯非线性光学性能的研究已经得到了一些成果，但是关于锑烯的光限幅性能的研究还非常少，其性能具体如何尚不清楚，还需进一步研究。

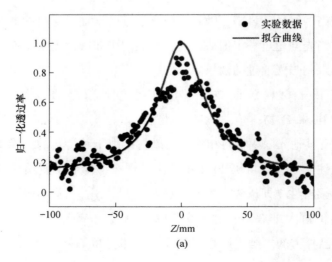

(a)

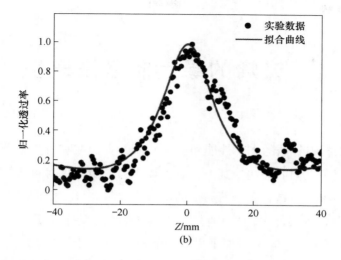

图 1-42 在波长为 800 nm（a）和 1500 nm（b）的激光下，
利用开孔 *Z*-扫描技术测量的少层锑烯的透过率

# 2  锑烯的绿色制备及表征

由于二维材料特殊的光学性能和电学性能，它们在有机光电器件中的应用潜力很快引起了人们的关注。其中，石墨烯作为透明电极材料成功地应用在了超薄光电器件中。但是，由于石墨烯的半金属零带隙性质限制了其在一些有机光电器件和半导体器件中的应用潜力，而黑磷的出现弥补了石墨烯的这一缺陷。黑磷具有 0.3~2.5 eV 随厚度可调的能带隙，目前黑磷作为空穴传输材料、电子传输材料或活性材料掺杂剂已经成功应用在了有机太阳能电池、有机发光二极管等器件中。但是，黑磷在大气环境中容易发生降解的特性严重制约了它的应用前景。

锑作为自然界中典型的半金属材料之一，已知有 4 种同素异形体，即 1 种稳态的金属锑和 3 种亚稳态锑（爆炸锑、黑锑和黄锑）。图 2-1 为金属锑的原子结构。与黑磷类似，金属锑为层状结构（空间群：$R3m$ No. 166），单层锑的结构为褶皱的六元环结构，而层与层之间通过弱范德华力相互作用结合在一起，这使得锑烯可以在外力的作用下从其块体材料中剥离出来[80, 128]。但是，与黑磷不同的是，金属锑最近的和次近的锑原子形成变形八面体，在相同双层中的 3 个锑原子比其他 3 个相距略近一些。这种距离上的相对近使得金属锑的密度可高达 6.697 g/cm³。而且在大气环境中，锑烯的稳定性要比黑磷好很多[129]，同时

侧视角　　　　　　　　　　　　　　　　顶视角

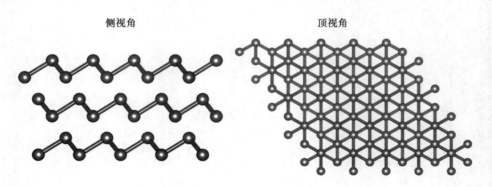

图 2-1　金属锑的原子结构

锑烯也具有很多优异的性能，如高的电导率（104 S/m）[80]，高的载流子迁移率和较好的热稳定性[130]。据已有的理论计算结构表明，单层锑的能带隙在 1.2~1.3 eV，这符合光伏材料对能带隙的要求[128, 130]。

综上所述，单层锑可以被视为一种有潜力的窄带隙的二维光电材料。迄今为止，锑烯可以通过微机械剥离法、外延生长方法和超声辅助液相剥离法等方法来制备[79-80, 213]，如图 2-2 所示。但是，目前通过已有的这些方法制备的锑烯的产率极低，而且在溶剂中的分散性也较差。目前存在的这些问题会阻碍锑烯在有机光电器件中的进一步应用与研究。这就迫切地需要找到一种绿色、高效的方法用来制备锑烯。基于此，本章主要介绍绿色高效制备锑烯和调控其形貌的方法，旨在制备在极性和非极性溶剂中有良好分散性的高质量的锑烯。

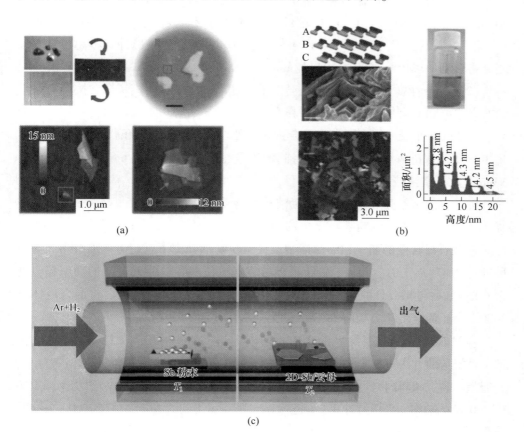

图 2-2　制备锑烯的不同方法

（a）机械剥离法[128]；（b）液相剥离法[79]；（c）范德瓦尔斯外延生长法[80]

# 2.1 实验制备

## 2.1.1 不同方法制备锑烯

为了比较不同方法制备的锑烯的效果，本章参考已报道过的利用液相剥离法制备锑烯及锑烯量子点的方法，设计了一系列的对比实验以求找到绿色高效制备锑烯的方法。具体内容如下。

首先将购买到的高纯度锑粒在玛瑙研钵中充分研磨 2 h，得到锑粉体材料以备之后实验使用。

(1) 在纯水中超声辅助液相剥离锑烯。对比实验。将 10 mg 锑粉末置于一个 20 mL 小瓶中，然后加 10 mL 的超纯水，将锑粉混合均匀，用细胞超声破碎仪（点超声）超声处理 40 min。超声条件：功率 400 W，超声脉冲每秒超声 0.5 s。之后将得到的黑色悬浮液在 3000 r/min 的速度下离心 3 min，取上清液待用。

(2) 在异丙醇：水＝4：1 的混合溶液中超声辅助液相剥离锑烯。按照文献报道的方法重复实验[79]。将 10 mg 锑粉末与 10 mL 异丙醇：水（4：1）的混合物混合放于 20 mL 小瓶，用点超声将混合物超声处理 40 min。超声条件：功率 400 W，超声脉冲每秒超声 0.5 s。然后将得到的黑色悬浮液在 3000 r/min 的速度下离心 3 min，取上清液待用。

(3) 在无水乙醇溶液中超声辅助液相剥离锑烯量子点。按照文献报道的方法重复实验[214]。首先将锑粉末与无水乙醇溶剂混合均匀（锑的浓度为 30 mg/mL）；然后将装有混合液的瓶子放于冰浴中，在 500 W 的功率下点超声处理 10 h（超声脉冲每 2 s 超声 1 s）；接着将混合液体移置普通超声浴中以 300 W 的功率超声处理 6 h；之后再将混合液体用 500 W 的功率点超声处理 5 h；最后将混合液体以 3000 r/min 的速度离心 20 min，取上清液待用。

(4) 在 N-甲基吡咯烷酮（NMP）溶液中超声辅助液相剥离锑烯量子点。按照文献报道的方法重复实验[210]。取适量锑粉末置于 NMP 溶剂中，在冰浴条件下，普通超声和点超声同时进行，超声 9 h。超声条件：普通超声 100 W 的功率；点超声 400 W 的功率，超声脉冲每 2 s 超声 1 s。随后将得到的混合液体在 7000 r/min 的速度下离心 30 min，取上清液待用。

(5) 利用小分子化合物超声辅助液相剥离锑烯。参考 Lei 等[215]利用尿素辅助剥离在水中具有高分散性六方氮化硼的方法设计以下实验。首先，选取氯化钠、尿素、硼酸和磷酸小分子 4 种常见的化合物作为缓冲剂和插层剂来辅助剥离锑烯；其次，将这 4 种盐分别与锑粉以重量比 20∶1 的比例混合均匀后，在玛瑙研钵中研磨 2 h；随后，将研磨过的粉体材料置于 20 mL 的样品瓶中加 10 mL 的纯水，点超声 5 h 或 10 h（超声条件：功率 500 W，超声脉冲每 2 s 超声 1 s）；最后，将混合液体以 3000 r/min 的速度离心 3 min，取上清液待用。

（6）利用离子液体超声辅助液相剥离锑烯。考虑到材料的制备成本、产量及在有机光电器件中应用材料需要在极性或非极性溶剂中具有良好分散性等问题，并参考之前报道过的利用绿色的离子液体剥离黑磷、$MoS_2$、$Bi_2Te_3$、$Sb_2Te_3$ 等二维材料的工作[112,216-217]，设计以下实验。实验选择了简单易操作的超声辅助液相剥离的方法来制备锑烯纳米片。图 2-3 是制备锑烯的机理示意图，其原理简单来说就是在溶剂中超声目标产物的粉体材料，利用液体的剪切力、小分子或离子插层等作用将样品剥离开来，然后利用不同的离心速度来提取不同尺寸的样品。

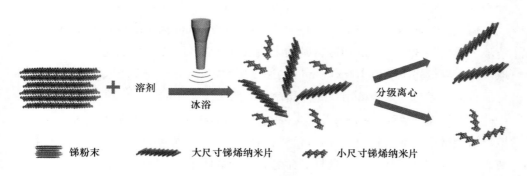

锑粉末　　大尺寸锑烯纳米片　　小尺寸锑烯纳米片

图 2-3　制备锑烯的机理示意图

液体介质选择了绿色环保的 [EMIM]CF₃COO 离子液体。[EMIM]$CF_3COO$ 离子液体具有很多优势，如很好的物理和化学稳定性、可循环利用、不挥发、具有较高的电导率、熔点低、宽的电化学窗口等。

本实验选择小分子无机盐（如尿素、硼酸等）来辅助剥离锑烯的原因主要有两个：

（1）利用无机盐小分子对块体锑进行插层来辅助剥离制备锑烯；

（2）利用这些小分子修饰锑烯的表面以求改善其在溶剂中的分散性。

本实验选择 [EMIM]$CF_3COO$ 离子液体来超声辅助液相剥离锑烯的原因主要有以下几点：

（1）离子液体在剥离二维材料方面已经取得很多成功，如剥离石墨烯[109]，MoS$_2$[110] 和黑磷[111-112] 等；

（2）［EMIM］CF$_3$COO 离子液体是一种具有可循环利用、不挥发的绿色溶剂，而且它还具有电导率高、熔点低和电化学窗口宽等优点；

（3）［EMIM］CF$_3$COO 离子液体在剥离块体锑时，可以作为小分子对块体锑进行插层，并辅助剥离制备锑烯，或者作为修饰物对锑烯的表面进行修饰以防止其再聚集，增强其稳定性和分散性。

制备锑烯的具体操作步骤如下：

（1）称取适量的锑粉末置于 50 mL 的锥形瓶中，随后加入 40 mL 的 ［EMIM］CF$_3$COO 离子液体。此处，锑粉末在离子液体中的浓度要控制在 6 mg/mL 以上。

（2）将混合物置于冰浴中，把点超声探头深入液面三分之一处，对样品进行点超声处理。具体参数如下：装备 6 mm 超声杆，超声功率为 500 W，超声脉冲为每 2 s 超声 1 s。实验超声时间设置了两个时长作对比：

1）当样品连续超声 5 h 后，将混合液以 3000 r/min 的速度离心 10 min，取上清液。然后将 3000 r/min 离心得到的上清液继续以 8000 r/min 的速度离心 30 min 取沉淀，继续将沉淀以 10000 r/min 的速度用 DMF 离心清洗 3 次取沉淀，最后将样品分散于适量纯水中待用。此样品命名为离子液体 5 h。

2）当样品连续超声 10 h 后，将混合液以 8000 r/min 的速度离心 30 min 后，取上清液待用。或者将 8000 r/min 离心得到的上清液继续以 15000 r/min 的速度离心 30 min，取沉淀待用。此样品命名为离子液体 10 h。

（3）以两种不同的后处理方法对样品进行了清洗提纯：

1）尝试采用离心清洗的方法处理样品。将上述得到的沉淀样品用 DMF 与纯水按体积比 3∶1 的比例混合均匀，然后用混合溶剂以 10000 r/min 的速度离心清洗样品 3 次。最后将沉淀重新分散在 DMF 溶剂中待测试表征或者分散在纯水中冷冻干燥得到粉体材料待用。

2）尝试采用透析提纯的方法处理样品。将上述超声 5 h 后在 8000 r/min 下得到的沉淀样品和超声 10 h 后在 8000 r/min 下得到的上清液样品分别加入 10 mL 和 20 mL 的 DMF 以稀释原溶液。随后将样品置于纯水中透析（透析袋的截留相对分子质量为 3.5 kDa）处理。每 6 h 换一次水，透析 3 天。透析完成后，将透析袋里面的液体以 10000 r/min 的速度离心处理，取沉淀分散于纯水中，冷冻干燥得到粉体样品。

**[注意]**

透析袋使用前应该进行预处理，具体操作如下：

（1）将新买的透析袋先用 50%的乙醇煮沸 1 h；

（2）依次用 50%乙醇，0.01 mol/L 碳酸氢钠溶液洗涤，最后用蒸馏水冲洗即可使用；

（3）透析袋洗净后可存于 4 ℃蒸馏水中，若长时间不用，可加少量 $NaN_2$，以防长菌。

## 2.1.2 实验所需的药品及仪器

（1）实验药品：纯度为 99.999%的锑（Sb）粒购买自 Aldrich。1-乙基-3甲基咪唑三氟乙酸盐（[EMIM]$CF_3COO$，99%）购买自 Lanzhou Greenchem ILs（中国科学院兰州化学监制）。碳酸氢钠（99.5%）购买自 Aldrich。氯化钠（AR，99.5%）、尿素（AR）、硼酸（AR，99.5%）和磷酸（AR，99%）购买自 Macklin。

常用溶剂无水乙醇、异丙醇、丙酮等均购买自国药集团化学试剂有限公司。纯度为 99.9% 的氯苯（CB）、纯度为 99.9% 的 N-甲基吡咯烷酮（N-methylpyrrolidone，NMP）和纯度为 99.9% 的 N,N-二甲基甲酰胺（dimethylformamide，DMF）均购买自 Aldrich。所有试剂直接使用，均未做进一步纯化处理。超纯水产自 Thermo scientific（USA）仪器，规格为 18.2 MΩ·cm。

（2）主要实验仪器：型号为 GUIGO-92-IIDN 的超声波细胞破碎机购买自上海雷查仪器有限公司（最大功率为 900 W）。型号为 KQ5200DB 的超声波清洗机购买自昆山市超声仪器有限公司。型号为 TGL-15B 高速离心机购买自上海安亭科学仪器厂。型号为 TGL-15B 的冷冻干燥仪购买自北京博医康实验仪器有限公司。截留分子量（MwCO）为 3.5 kDa 的透析袋购买自 Spectrum Laboratories（USA）。

（3）主要表征仪器：高分辨透射电子显微镜（HR-TEM，JEM-2100F，JEOL，Japan）和原子力显微镜（AFM，SPA-300HV，Japan）用于表征材料的结构与形貌。使用紫外-可见（UV-vis）分光光度计（HITACHI U-3900）以双光束配置测试了材料在紫外可见光区域的吸光光谱。使用 X 射线光电子能谱分析仪（XPS，AXIS ULTRA DLD，English）和 X 射线衍射分析仪（XRD，D8 Discover，Germany）分析测试了材料的元素组成和晶体结构。

# 2.2 材料表征

具体分析、对比用不同方法制备锑烯的结果。

## 2.2.1 锑烯的光学表征

为了从宏观的角度判断不同方法制备锑烯的效果，利用光学照片对用不同方法制备的样品的原始溶液进行了表征，如图 2-4（a）~（g）所示。图 2-4 中从左到右依次是利用纯水、异丙醇与水的混合溶液（体积比为 4:1）、无水乙醇、N-甲基吡咯烷酮、硼酸水溶液（点超声 10 h）、[EMIM]CF$_3$COO 离子液体（点超声 5 h，经离心清洗后分散于纯水中的样品）、[EMIM]CF$_3$COO 离子液体（点超声 10 h，原始样品的上清液）及未进行实验的纯 [EMIM]CF$_3$COO 离子液体。其中，在纯水中超声制备的锑烯的光学照片几乎是透明的，说明其产率极低，也就是说纯水不适合充当剥离锑烯的溶剂介质。而分别在异丙醇与水的混合溶剂、无水乙醇溶剂和 N-甲基吡咯烷酮溶剂中制备的样品的光学照片与文献报道的类似，这也基本可以说明重复实验是成功的[79, 210, 214]。从光学照片的结果基本可以判断用文献中报道的制备锑烯的方法是相对低效的，如图 2-4（b）~（d）所示。而利用小分子无机盐氯化钠、尿素和磷酸剥离的样品的上清液全为透明的，只有利用硼酸辅助剥离的样品稍有浅灰色，如图 2-4（e）所示。

(a)　　　(b)　　　(c)　　　(d)　　　(e)　　　(f)　　　(g)　　　(h)

图 2-4　在不同溶剂中制备的锑烯样品的光学照片

（a）纯水；（b）异丙醇与水的混合溶液；（c）无水乙醇；（d）N-甲基吡咯烷酮；

（e）硼酸水溶液（点超声 10 h）；（f）[EMIM]CF$_3$COO 离子液体（点超声 5 h）；

（g）[EMIM]CF$_3$COO 离子液体（点超声 10 h）；

（h）纯 [EMIM]CF$_3$COO 离子液体（未进行实验）

图 2-4（f）~（h）分别是［EMIM］CF₃COO 离子液体 5 h、［EMIM］CF₃COO 离子液体 10 h 和纯［EMIM］CF₃COO 离子液体的光学照片。结果显示，纯［EMIM］CF₃COO 离子液体只有少许泛黄，几乎是透明的。而样品离子液体 5 h 和离子液体 10 h 的颜色分别为深棕色和灰色。相比于其他样品，利用离子液体剥离的样品的浓度显然更高。这说明利用［EMIM］CF₃COO 离子液体超声剥离锑烯的方法很有可能是一种高效制备锑烯的方法。

图 2-5 为用不同方法制备的锑烯样品的 UV-vis 吸光光谱图。其中，各样品的 UV-vis 吸光光谱图都是分别在各自对应的溶剂背景下测得的。从样品的 UV-vis 吸光光谱来看，纯水辅助超声剥离样品的 UV-vis 吸光光谱非常弱，这表示在纯水中辅助超声剥离得到的上清液中几乎是没有样品的，即纯水不适合用来制备锑烯。而异丙醇与水的混合溶剂的 UV-vis 吸光光谱结果与文献中的结果一致，都表现为在 UV-vis 波段的光谱吸收，主要是由于大尺寸样品对光的反射与折射效应造成的[79]。而在无水乙醇和 N-甲基吡咯烷酮中制备的样品的 UV-vis 吸光光谱结果也与文献结果类似[210, 214]。其中，在 N-甲基吡咯烷酮中制备的样品在波长为 315 nm 的位置处有一个吸收峰。利用硼酸辅助超声剥离的样品的 UV-vis 吸光光谱在波长为 308 nm 的位置有一个吸收峰，由于文献中用 N-甲基吡咯烷酮辅助超声剥离的样品为锑量子点，所以可以判断利用硼酸制备的样品应该同样是尺寸较小的样品。离子液体 5 h 样品的 UV-vis 吸光光谱也表现为全波段的光谱吸收。

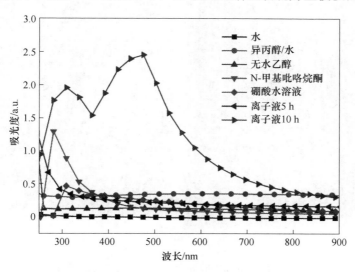

图 2-5　用不同方法制备的锑烯样品的 UV-vis 吸光光谱图

与之前样品不同的是，离子液体 10 h 样品的 UV-vis 吸光光谱表现出了两个吸收峰（分别位于 310 nm 和 468 nm 处）和较强的吸光谱线，最强可以达到 2.5 的吸光度。这表明利用 ［EMIM］CF$_3$COO 离子液体辅助超声制备的样品浓度很大，这一结果与图 2-4 中样品的光学照片结果一致。

### 2.2.2    锑烯的形貌表征

为了确定不同制备方法得到的样品的形貌，我们使用透射电子显微镜对制备得到的样品分别进行了表征。图 2-6 为在异丙醇和水（体积比为 4∶1）的混合溶液中制备得到的样品的透射电子显微镜图。结果显示，在异丙醇和水的混合溶液中制备的样品的形貌与文献报道类似，其形貌为具有微米级别尺寸的、较厚的锑烯，如图 2-6（a）所示。图 2-6（b）为该样品的高分辨率透射电子显微镜图，样品中出现了规则的晶格条纹，利用 RADIUS Desktop 专用处理透射电子显微镜图像软件测量了样品 10 条晶格条纹的间距，并求取平均值，结果显示，其晶面间距为 0.35 nm，这对应了锑的（101）晶面。结合光学图片（见图 2-4（b））和其透射电子显微镜图像的结果可以看出，用异丙醇和水的混合溶液制备的样品较厚，产量低，而且分散性差，这种方法制备的样品并不适合应用在有机光电器件中。

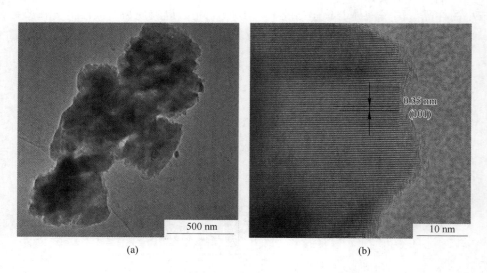

图 2-6    在异丙醇和水的混合溶液中制备锑烯的微观形貌

（a）透射电子显微镜图；（b）高分辨率透射电子显微镜图

　　根据已有文献描述，利用无水乙醇和 N-甲基吡咯烷酮制备的锑样品都为量子点状，并且样品的横向尺寸和纵向尺寸都在 3 nm 左右。但是，根据理论计算的结果显示，只有锑烯为单层时才具有窄带隙的能级。另外，结合光学图片的结果来看，如图 2-4（c）（d）所示，这两种制备锑量子点的方法显然是比较低效的方法，所以本实验没有采用以上方法来制备锑样品。

　　为了验证利用硼酸液相辅助超声制备锑烯的效果，对其样品进行了透射电子显微镜表征。图 2-7（a）（b）分别为利用硼酸辅助超声剥离 5 h 制备的样品的透

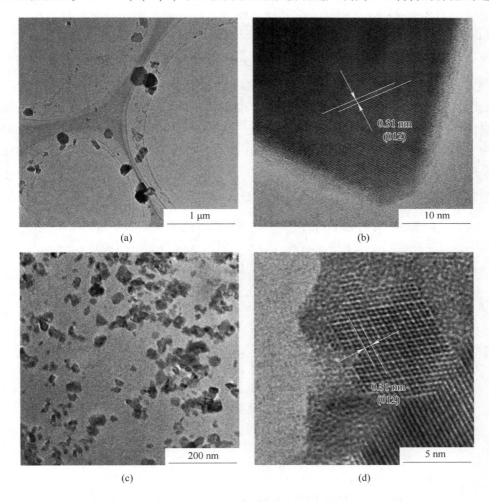

(a)　　　　　　　　　　　　　　　　(b)

(c)　　　　　　　　　　　　　　　　(d)

图 2-7　利用硼酸液相辅助超声不同时间制备得到锑烯的形貌结构表征

（a）点超声 5 h 后样品的透射电子显微镜图；（b）点超声 5 h 后样品的高分辨率透射电子显微镜图；
（c）点超声 10 h 后样品的透射电子显微镜图；（d）点超声 10 h 后样品的高分辨率透射电子显微镜图

射电子显微镜图和高分辨率透射电子显微镜图。结果显示，制备得到的锑烯的尺寸在 200 nm 左右（见图 2-7（a）），而且从图 2-7（b）样品的高分辨率透射电子显微镜图中可以观察到，它的晶面间距为 0.31 nm，对应其（012）晶面。当把超声时间延长至 10 h 后，剥离制备的锑烯的尺寸在 30 nm 左右，且分散均匀（见图 2-7（c））。从其高分辨率透射电子显微镜图（见图 2-7（d））可以观察到，用这种方法制备的锑烯样品结晶性良好，其晶面间距为 0.31 nm，对应了锑的（012）晶面。也就是说，利用硼酸辅助超声剥离这种方法可以通过控制超声时间来制备不同尺寸的锑烯。但是这种制备方法仍面临着产量低和样品较厚等问题。

图 2-8 为利用［EMIM]CF$_3$COO 离子液体超声辅助液相剥离 5 h 制备得到的锑烯的透射电子显微镜图和高分辨率透射电子显微镜图。图 2-8（a）的透射电子显微镜结果显示，利用［EMIM]CF$_3$COO 离子液体超声辅助液相剥离 5 h 制备得到的样品呈片状（尺寸为 400 nm 左右）。从其高分辨率透射电子显微镜图（见图 2-8（b））来看，样品分别呈现出了 0.26 nm 和 0.24 nm 的晶面间距，对应锑的（111）晶面和（201）晶面。图 2-8（a）中的插图为其低倍透射电子显微镜的衍射花样图，显示出了与锑（111）晶面和（201）晶面对应的衍射斑点。

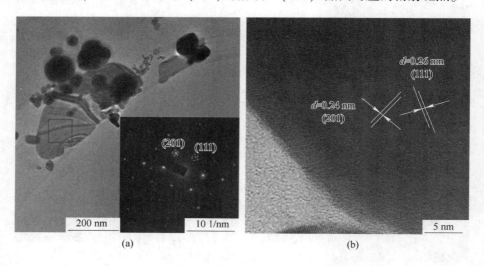

图 2-8　利用离子液体液相辅助超声 5 h 制备得到的锑烯的形貌结构表征
（a）透射电子显微镜图，插图是方框内对应样品的衍射花样图；（b）高分辨率透射电子显微镜图

当利用［EMIM]CF$_3$COO 离子液体超声辅助液相剥离制备锑烯的超声时间延长至 10 h 后，得到的样品浓度较大（见图 2-4（g）），可见这是一种有希望用来

高效制备锑烯的方法。图 2-9 为利用 [EMIM] CF$_3$COO 离子液体超声辅助液相剥离 10 h 制备得到的锑烯的形貌结构表征图。从样品的低倍射电子显微镜图（见图 2-9 (a)) 可看到，样品分散均匀，而且具有统一的尺寸和形状。图 2-9 (b) 为样品的粒径直方分布图，其中超过 400 个样品被统计用来计算样品的平均尺寸。结果显示，样品的平均尺寸为 2.18 nm。为了进一步确定材料的厚度，对样品进行了原子力显微镜表征，如图 2-9 (c) 所示。从原子力显微镜图的结果可以明显地辨别出样品的厚度，图 2-9 (c) 中的插图是样品从左到右的一个高度扫描曲线，可以看到，样品的最大高度为 0.9 nm。并且，超过 40 个样品的统计结果显示（见图 2-9 (d)），样品的平均厚度为 0.9 nm。这就是说，所得样品为单层或者双层锑烯。另外，在这里可以观察到，样品原子力显微镜图中，样品的横向尺寸大约 15 nm，这个结果和 TEM 图像给出的结果不一致，造成这个现象的原因主要有两点：(1) 本工作所使用的型号为 SPA-300HV 的原子力显微镜的横向尺寸精度在 7~8 nm（高精度探针可以达到 5 nm 以下），但是纵向精度（厚度）则可以达到 0.1 nm，所以当样品尺寸在 2 nm 左右时，原子力显微镜并不能准确分辨样品的横向尺寸；(2) 原子力显微镜显示样品横向尺寸在 15 nm 左右，它可能是由 3~4 个靠得较为相近的样品组成的，原子力显微镜仪器不能清晰地识别每个样品的边界，所以会误认为是 1 个样品的横向尺寸为 15 nm 左右。因此，本工作中，通过透射电子显微镜表征了样品的横向尺寸，样品的厚度则由原子力显微镜表征所得。由上述表征可得，样品的尺寸和厚度分别为 2.18 nm 和 0.9 nm，即其横向尺寸达到了量子效应的尺寸，而其纵向厚度对应单层或双层的锑。

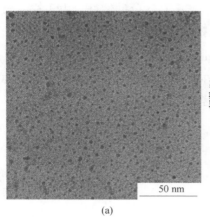

(a)

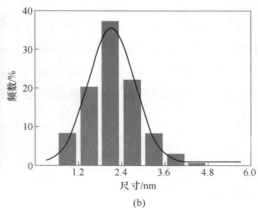

(b)

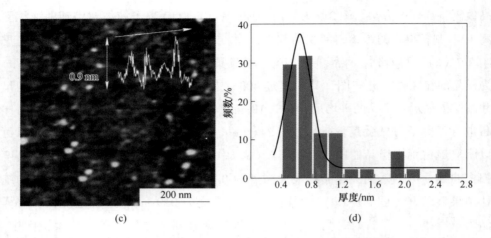

图 2-9　利用离子液体液相辅助超声 10 h 制备得到的锑烯的形貌表征锑烯量子片的
透射电子显微镜（a），高分辨透射电子显微镜（b）和原子力显微镜图（c）；
（b）和（d）分别对应于（a）和（c）的粒径分布直方图和厚度分布直方图

　　综上所述，本工作使用硼酸辅助液相剥离的方法可制备得到 30 nm 左右和
200 nm 左右的少层锑纳米片，利用［EMIM］$CF_3COO$ 离子液体超声辅助液相剥离
5 h 可以制备得到 400 nm 的少层锑纳米片。与文献报道的利用异丙醇和水混合
溶剂液相辅助剥离制备的方法相比，本书提供的方法可制备不同尺寸的少层锑
纳米片，而且形貌要优于使用文献报道的方法制备的样品。但是使用以上方法
制备的锑烯都面临了同样的问题有待解决，即产率低、样品厚、分散性差和容
易发生再聚集等。这些问题使得样品无法达到应用在光伏器件中的要求。而利
用［EMIM］$CF_3COO$ 离子液体液相辅助超声 10 h 左右得到的样品是具有原子级
别厚度的，而且样品尺寸均匀（2 nm 左右）、产率高、分散性好。由于样品尺寸
有较大的横纵比，本书将该样品命名为了锑烯量子片。相比于在无水乙醇或 N-
甲基吡咯烷酮中制备的锑量子点（直径为 3 nm 左右的球状材料），锑烯量子片表
现出了优异的形貌特性。这使得锑烯量子片在有机光电器件中展现出了巨大的应
用潜力。在接下来的篇幅中，将具体描述锑烯量子片的制备与表征。

# 3　锑烯量子片的绿色制备及表征

## 3.1　实 验 制 备

图 3-1 为利用［EMIM］CF₃COO 离子液体液相辅助超声剥离制备锑烯量子片的机理示意图。在此过程中,高黏度的［EMIM］CF₃COO 离子液体在点超声的作用下可提供较大黏度剪切力,再配合离子插层等作用剥离制备得到了锑烯量子片[112]。

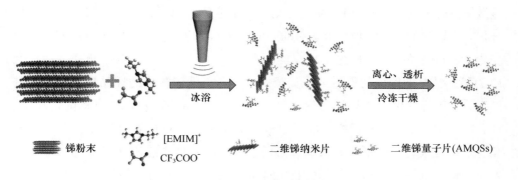

图 3-1　在［EMIM］CF₃COO 中制备锑烯量子片的机理示意图

样品的后处理步骤为:在超声结束后,首先,将超声原液以 8000 r/min 的速度下离心 30 min,以除去未被剥离的锑粉和尺寸较大的锑纳米片;然后,将得到的上清液进一步清洗、提纯得到目标样品锑烯量子片。

清洗提纯的方法有两种:(1)将得到的上清液继续以 15000 r/min 的高转速离心得到沉淀,再将沉淀用 N,N-二甲基甲酰胺溶剂以 15000 r/min 的速度离心清洗 3 次,最后将得到的沉淀分散至目标溶剂中待用或者烘干待用;(2)清洗提纯的方法是将 8000 r/min 离心后得到的上清液在纯水中透析处理,再将透析后的液体离心,取沉淀,再分散于纯水中,冷冻干燥得到其粉体材料待用。

以上两种方法都是清洗提纯样品的常用方法。但是第 1 种方法显然不适合用来清洗提纯锑烯量子片。首先，由于［EMIM］CF₃COO 离子液体的高黏度和目标样品尺寸较小等原因，会使得 15000 r/min 的离心速度无法将锑烯量子片从离子液体中有效地提取出来。其次，利用 N，N-二甲基甲酰胺离心清洗样品，离心清洗次数多，会对样品造成很大的浪费，清洗次数少了又无法保障将多余的离子液体清洗干净。

## 3.2 材料表征

### 3.2.1 锑烯量子片的形貌表征

图 3-2 （a）（b）分别为样品的低倍和放大透射电子显微镜图，可以看到样品的外形大致呈现为由花瓣状结构组成的准方形或球形（与纯离子液的透射电子显微镜图像形貌一致）。值得注意的是，离子液体常温下为液体状态的离子型化合物，所以它的形貌结构在电子束的照射下并不稳定，会随着电子束的照射发生变化，甚至会被打散，如图 3-2 （c）（d）所示。图 3-2 （c）为单个样品在放大12 万倍的情况下拍摄的透射电子显微镜图，与更低倍数下的样品形貌相比，其形貌结构已经发生了些许的变化。图 3-2 （d）是样品在放大 25 万倍的情况下，电子束照射样品 2 min 后样品的透射电子显微镜图，可以看到样品在电子束的照射下已经被完全打散了。根据以上的表征可得利用离心清洗提纯锑烯量子片是一种低效的方法，但是利用透析提纯的方法，样品清洗干净，而且几乎可以

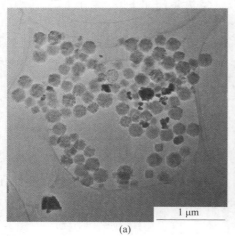

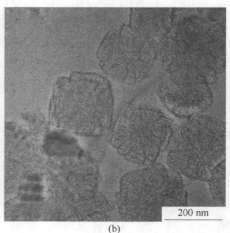

(a)                                                                                (b)

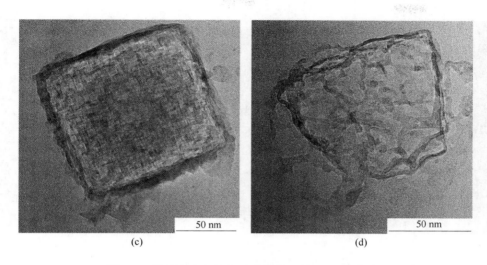

图 3-2　样品中残留的离子液体的透射电子显微镜图

把样品全部提取出来，然后经过冷冻干燥可得到锑烯量子片的粉体材料。也就是说，用透析提纯的方法对样品进行后处理，样品损失小而且样品中无离子液体残留。

### 3.2.2　锑烯量子片的化学组成

图 3-3 表征了锑烯量子片的晶体结构。首先利用高分辨率透射电子显微镜图表征了单个样品的晶体结构，如图 3-3（a）所示。它的晶面间距为 0.21 nm，对应锑晶体的（110）晶面。图 3-3（b）为锑烯量子片和块体锑的 X 射线衍射分析图谱。其中，块体锑的 X 射线衍射分析图谱的峰位置可以与六方晶系的锑的标准 X 射线衍射分析图谱的峰位置完全匹配（JCPDS No. 35-0732）。但是，与块体锑相比，锑烯量子片的峰强度明显减弱了，而其峰强度弱化主要与锑的尺寸减小造成其在第三维方向上的原子缺乏远长程有序性有关[218]。所以，锑烯量子片的 X 射线衍射分析图谱的峰仅与六方晶系锑的（012）、（110）和（202）晶面产生微弱的对应关系。

为了探究锑烯量子片样品的元素组成，本工作采用 X 射线光电子能谱分析了锑烯量子片样品的元素组成成分，如图 3-4 所示。锑烯量子片的 X 射线光电子能谱宽扫图谱的结果显示，样品主要由 Sb、C、N、O 和 F 元素组成（见图 3-4（a））。其中，C 和 O 元素主要来自 [EMIM]$CF_3$COO 离子液体和外来污染物，N 和 F 元素主要来自 [EMIM]$CF_3$COO 离子液体。这些结果验证了之前关于离子液修

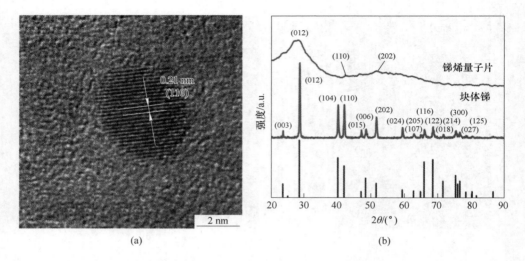

(a)　　　　　　　　　　　　(b)

图 3-3　锑烯量子片的高分辨率透射电子显微镜图（a）

和锑烯量子片和块体锑的 X 射线衍射分析图谱（b）

饰锑烯量子片的说法，即离子液体成功地修饰在了锑烯量子片上。图 3-4
（b）~（d）分别是样品对于元素 C、Sb 和 N 的高分辨 X 射线光电子能谱，它
们的 X 射线光电子能谱的峰的位置分别位于 284.4 eV、539.8 eV 和 401.7
eV，这表明样品中 C、S 和 N 这 3 个元素主要处在 C 1s、Sb 3d 和 N H4 的
状态。

### 3.2.3　锑烯量子片的光谱信息

图 3-5 是与锑烯量子片相关的一些光学图片和 UV-vis 吸光光谱。

图 3-5（a）是锑烯量子片样品的制备实物流程图。从图中可以直观地观察到
这种制备方法不仅简单易操作，而且产量相当可观。而且，制备得到的锑烯量子
片粉体材料方便储存和大规模使用。

为了具体量化锑烯量子片的产率，本工作将锑烯量子片分散在 [EMIM]CF$_3$COO
离子液体中，然后利用紫外可见分光光度法建立了锑烯量子片的光吸收强度与样
品浓度的标准曲线，并估算了锑烯量子片原液中样品的浓度，其中被测样品（即
锑烯量子片原液）被稀释了 100 倍，如图 3-5（b）所示。锑烯量子片原液中样
品的浓度可以高达 1.1 mg/mL，这比使用已报道方法制备得到的锑烯的始浓度
（1.74 × 10$^{-3}$ mg/mL）高了大约三个数量级[79]。显然，本章提供的制备锑烯量
子片的方法是更为高效的制备方法。

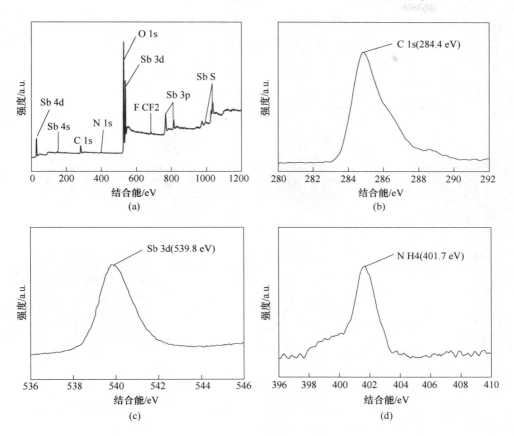

图 3-4　锑烯量子片的 X 射线光电子能谱的宽谱扫描图（a）和锑烯量子片

对 C 1s（b），Sb 3d（c）和 N H4（d）元素的高分辨 X 射线光电子能谱

　　图 3-5（c）为锑烯量子片原液稀释数十倍后在不同时间段测得的 UV-vis 吸光光谱。经过 30 天在大气环境中的存放，锑烯量子片原液的 UV-vis 吸光光谱几乎没有变化，这表明锑烯量子片分散体在空气中具有很好的稳定性。

　　图 3-5（d）为锑烯量子片分散在不同极性溶剂中的光学图片。结果显示，锑烯量子片可以稳定分散在极性和非极性溶剂中，如水、N，N-二甲基甲酰胺、丙酮或氯苯等。

　　锑烯量子片在不同溶剂中具有良好分散性的原因主要有两点：（1）因为［EMIM］CF$_3$COO 同时具有疏水基团和亲水基团，即在［EMIM］CF$_3$COO 离子液体中制备的锑烯量子片的表面会被离子液体修饰[112, 216]；（2）因为锑烯量子片的尺寸较小容易分散。图 3-5 所展现出来的利用［EMIM］CF$_3$COO 离子液

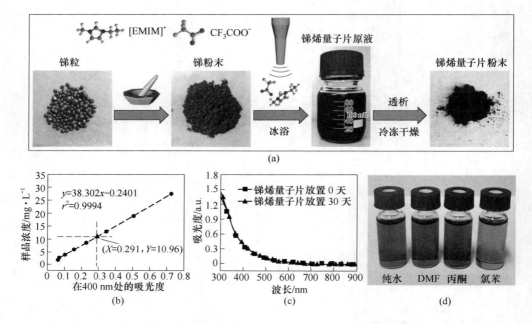

体制备锑烯量子片的优势和锑烯量子片所具有的性质（如高产、稳定、可分散于极性与非极性溶剂中等）对其在有机光电器件或者其他领域内的应用极其重要。

图 3-5　制备锑烯量子片的实物流程图（a），锑烯量子片在 400 nm 处的吸光强度与样品浓度的标准曲线（被测样品稀释了 100 倍）（b），锑烯量子片分散在〔EMIM〕CF₃COO 中的 UV-vis 吸光光谱图（c）和锑烯量子片分散在不同极性溶剂中的光学图片（d）

　　以上表征详细研究了锑烯量子片的形貌、结构和元素组成，但是对锑烯量子片的功函数和能带隙结构还不清楚。图 3-6 是关于锑烯量子片的一些光谱与能谱的表征。图 3-6（a）为在波长为 514 nm 的激光激发下块体锑和锑烯量子片的拉曼光谱。结果显示，块体锑在 $A_{1g}$ 模式下的共振峰和在 $E_g$ 模式下的共振峰分别位于 139.8 cm$^{-1}$ 和 104.7 cm$^{-1}$ 处。而剥离后，锑烯量子片在 $A_{1g}$ 模式下的共振峰和在 $E_g$ 模式下的共振峰的峰位置分别蓝移到了 148.5 cm$^{-1}$ 和 113.7 cm$^{-1}$ 处，这可以从侧面证明剥离后块体锑的尺寸发生了明显的改变（变小），这与之前文献报道的结果类似[219]。

　　随后使用紫外光电子能谱测定了锑烯量子片的功函数。具体的操作方法为：先将适量的锑烯量子片分散于纯水中，再将混合溶液旋涂于 ITO 之上，然后将样品置于真空烘箱中 60 ℃烘干 30 min 制备得到锑烯量子片薄膜。图 3-6（b）为锑烯量子片薄膜的 He I UPS 能谱图。结果显示，锑烯量子片薄膜的功函数为 -4.4 eV。随后根据吸光光谱估算了锑烯量子片的能带隙水平。

图 3-6（c）为锑烯量子片薄膜的吸光光谱。锑烯量子片薄膜的吸光光谱显示其在近红外区域仍有吸收强度，这表明锑烯量子片具有比较窄的能带结构。而半导体的光学带隙可以根据 Tauc 曲线进行估算，即从材料的吸光光谱得到的 $(\alpha h\nu)^r$-$h\nu$ 特征曲线。其中，$\alpha$、$h$、$\nu$ 分别代表吸收系数、普朗克常量和光波频率[220]。当 $r$ 取 2 时，材料带隙对应直接带隙；当 $r$ 取 1/2 时，材料带隙对应间接带隙。图 3-6（d）显示当 $r$ 取 2 时，$(\alpha h\nu)^2$-$h\nu$ 展示出了较好的线性拟合，这时锑烯量子片薄膜的带隙大概为 0.97 eV。

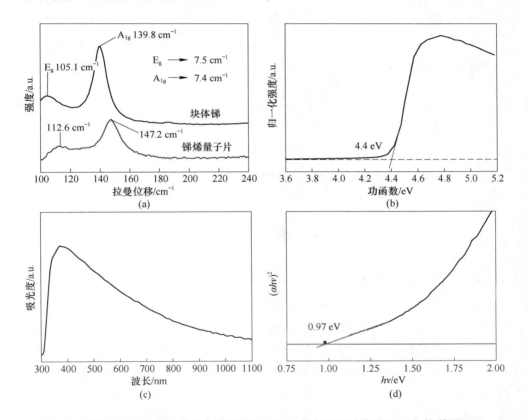

图 3-6 锑烯量子片和块体锑的拉曼光谱图（a），锑烯量子片薄膜的 UPS 能谱图（b），

吸光光谱（c）和 $(\alpha h\nu)^2$-$h\nu$ 曲线（d）

为了验证从锑烯量子片光谱图中得到的关于锑烯量子片的能带隙结构，下面

利用基于密度泛函理论的第一性原理模拟计算了锑烯量子片的能带隙结构，如图 3-7 所示。图 3-7（a）为块体锑和单层锑的计算模型结构。其中块体锑的晶胞参数 $a$、$b$ 和 $c$ 分别为 0.432 nm、0.432 nm 和 1.107 nm，单层锑的晶胞参数 $a$ 和 $b$ 分别为 0.814 nm、0.814 nm。计算结果显示：块体锑的带隙为 0 eV 和单层锑的带隙为 0.93 eV（见图 3-7（b）），这一结果与从锑烯量子片薄膜的吸光光谱得出的带隙水平十分接近，这说明从光谱信息中得到的关于锑烯量子片的能隙值是相对可靠的。

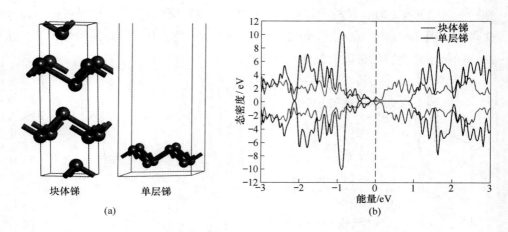

图 3-7 块体锑和单层锑的计算模型结构（a）和电子能带结构（b）

## 3.3 本 章 小 结

本章主要介绍了锑烯量子片的绿色制备与表征，主要结果总结如下：

（1）提出了一种绿色高效制备锑烯量子片的方法，即利用绿色环保的 [EMIM]CF₃COO 离子液体辅助超声液相剥离 10 h 左右可得到锑烯量子片。传统的在有机试剂中剥离制备锑烯的方法会使材料表面不可避免地附着上一些溶剂小分子，这往往会影响样品的导电性。而选用 [EMIM]CF₃COO 离子液体作为辅助剥离介质，离子液体会以静电力吸附在材料表面，这不仅不会影响材料的导电性能，还能增强样品在大气环境中的稳定性和分散性，同时阻止样品发生再次重聚的现象。

（2）对锑烯量子片的形貌、结构及光谱信息进行了详细的表征。结果显示，用本章提供的方法制备得到了高质量的、具有原子级别厚度的、尺寸均一的（约为 2.2 nm）且分散性良好的（可分散于不同极性溶剂中）锑烯量子片。锑烯量子片的产率极高，原始锑烯量子片溶液的浓度可高达 1.1 mg/mL，比利用已报道的方法制备出的锑烯的原始浓度高了三个数量级。而且相比于在无水乙醇或 N-甲基吡咯烷酮中制备的锑量子点（直径为 3 nm 左右的球状材料），锑烯量子片既保留了二维材料的特性又可表现出量子尺寸效应。经 UPS 能谱表征，锑烯量子片的功函数为 -4.4 eV。基于密度泛函理论的第一性原理与锑烯量子片薄膜的吸光光谱分别估算了单层锑和锑烯量子片的能带隙结构，即单层锑的带隙为 0.93 eV 和锑烯量子片的带隙为 0.97 eV。锑烯量子片所具有的优异性能使其在有机光电器件中展现出了巨大的研究价值与应用潜力。

# 4 锑烯量子片在有机太阳能电池活性层中的应用及作用机制

近年来，体异质结（Bulk Heterojunction，BHJ）的有机太阳能电池由于其低成本、柔性、易于大规模制备等自身优势引起了科研工作者广泛的关注。在过去的几十年里，关于有机太阳能电池的研发工作有了突飞猛进的发展。目前，单结有机太阳能电池的最高功率转换效率可达到 15%[14]，而串联有机太阳能电池的最高功率转换效率可达到 17.3%[221]。而造成有机太阳能电池低效率的主要原因之一，是有机材料的载流子传输距离和其光吸收长度之间的矛盾。对于有机半导体材料来说，其载流子的传输距离一般仅有 5~10 nm，而且其激子的解离率会随活性层的厚度呈指数减小，这就决定器件活性层的厚度不能超过 10 nm。但是理论上，为了保证器件活性层对太阳光的充分吸收，其活性层的厚度应该等于或者大于 $1/\alpha \approx 100$ nm（$\alpha$ 为有机半导体的吸收系数）[21-22]。此外，有机半导体材料激子的低迁移率是造成有机太阳能电池低效率的另一因素。而在不增加活性层厚度的情况下，改善活性层的光吸收强度和载流子迁移率是解决这些问题的有效方法之一，如利用具有高载流子迁移率的窄带隙材料来修饰活性层等。

第 3 章通过一种绿色高效的超声辅助液相剥离法制备得到了高质量且具有窄带隙的锑烯量子片。并且，根据已有文献报道，锑烯具有较高的载流子迁移能力[80, 130]。这些性质使得锑烯量子片有望应用于修饰有机太阳能电池的活性材料以改善器件的光伏性能。所以本章的研究内容主要有以下两点：

（1）通过优化锑烯量子片在有机太阳能电池（基于 PTB7:PC$_{71}$BM 和 P3HT:PC$_{61}$BM 两种经典活性材料的有机太阳能电池）活性层中的掺杂浓度改善有机太阳能电池的性能；

（2）从器件活性层的吸光强度和载流子迁移率等几个方面研究锑烯量子片对有机太阳能电池性能改善的机理。

# 4.1 实 验 制 备

## 4.1.1 有机太阳能电池器件的制备

### 4.1.1.1 ITO 玻璃预处理

使用前将 ITO 玻璃依次用洗涤剂、超纯水、丙酮和异丙醇超声清洗 30 min，然后将 ITO 玻璃在烘箱中 60 ℃烘干一夜。ITO 玻璃使用前需经过 UV 臭氧处理 5 min。

### 4.1.1.2 活性材料和 ZnO 前驱物溶液的制备方法

（1）PTB7:$PC_{71}BM$:锑烯量子片活性材料。取 10 mg 的 PTB7，15 mg 的 $PC_{71}BM$ 和适量的锑烯量子片（0 mg、0.5 mg、1.0 mg、1.5 mg、2.0 mg 或6.0 mg）分散在 1 mL 的氯苯与 DIO 的混合溶液中（氯苯与 DIO 按照 97∶3 的体积比混合），搅拌均匀待用。

（2）P3HT:$PC_{61}BM$:锑烯量子片活性材料。取 20 mg 的 P3HT，20 mg 的 $PC_{61}BM$ 和适量的锑烯量子片（0 mg 或0.5 mg）分散在 1 mL 的邻二氯苯中，搅拌均匀待用。

（3）按照文献报道的方法制备了 ZnO 电子传输层的前驱液[136]。具体如下：取 0.836 g 的 $Zn(CH_3COO)_2$ 和 0.28 g 的 $NH_2CH_2CH_2OH$ 溶解于 10 mL 的 2-甲氧基乙醇中。然后将该溶液在大气环境中搅拌过夜，让其进行充分的水解反应。至此，ZnO 电子传输层的前驱液制备完毕。

### 4.1.1.3 器件的组装

本章制备了两种倒置结构的有机太阳能电池，其结构分别为：ITO/ZnO（40 nm）/PTB7:$PC_{71}BM$:锑烯量子片（95 nm）/$MoO_3$（5 nm）/Al（80 nm）和 ITO/ZnO（40 nm）/P3HT:$PC_{61}BM$:锑烯量子片（200 nm）/$MoO_3$（5 nm）/Al（80 nm）。

电池组装过程如下：

（1）电子传输层的制备（ZnO 层，40 nm）：首先将配好的 ZnO 电子传输层的前驱液旋涂在经 UV 臭氧预处理的 ITO 玻璃上，然后在空气中 200 ℃热退火 1 h。

（2）活性层制备：该过程在 $N_2$ 环境保护的手套箱中进行。将配置好的活性层溶液旋涂在电子传输层 ZnO 的顶部。基于 PTB7：$PC_{71}BM$：锑烯量子片的薄膜旋涂完成后，将其置于手套箱的小过渡仓中，真空干燥 10 min；将基于 P3HT：$PC_{61}BM$：锑烯量子片的薄膜旋涂完成后，在玻璃培养皿中缓慢干燥，然后在 120 ℃ 下热退火 15 min。

（3）空穴传输层/阳极的制备：使用真空镀膜设备，在真空室内将 5 nm 厚的 $MoO_3$ 和 80 nm 厚的 Al 电极依次沉积在活性层上。

器件各层的厚度是经过台阶仪实际测量，再配合标准曲线得到的。即利用薄膜厚度超过 10 nm 是经过实际测量得到的结果，而厚度较薄的（小于 10 nm）薄膜，可以利用控制变量的方法得到变量与厚度的线性曲线得到其具体厚度，例如：利用真空蒸镀法得到的薄膜，在恒定蒸镀速率的情况下，通过控制蒸镀时间得到蒸镀时间与薄膜厚度的准线性关系，然后以蒸镀时间来确定薄膜的具体厚度。

### 4.1.2　实验所需的药品与仪器

PTB7 购买自美国 1-Material 公司。$PC_{71}BM$ 购买自台湾 Luminescence Technology Corporation 公司。$MoO_3$、P3HT 和 $PC_{61}BM$ 都是购买自 Rieke Company。聚苯乙烯磺酸盐（CPEDOT：PSS）1.3wt.% 购买自德国 Heraeus。1,8-二碘辛烷（DIO，95%）购买自上海西宝生物科技有限公司。氧化铟锡导电玻璃（ITO，有效电池面积为 0.09 $cm^2$，面电阻小于 15 Ω）购买自深圳南坡有限公司。无水乙酸锌（Zn$(CH_3COO)_2$，99.5%）购买自 Energy Chemical。乙醇胺（$NH_2CH_2CH_2OH$，99.9%）购买自 Aldrich。2-甲氧基乙醇（$CH_3OCH_2CH_2OH$，99%）购买自 Energy Chemical。锑烯量子片按照第 3 章提供的方法自行合成。

常用溶剂如分析纯的无水乙醇、异丙醇、丙酮均购买自国药集团化学试剂有限公司。纯度为 99.9% 的氯苯和纯度为 99.9% 的邻二氯苯均购买自 Aldrich。所有试剂直接使用，均未进一步纯化处理。超纯水产自 Thermo scientific（USA）仪器，规格为 18.2 MΩ·cm。

主要表征仪器：原子力显微镜（AFM，SPA-300HV，Japan）用于表征薄膜的形貌。紫外-可见（UV-vis）吸光光谱使用 UV-vis 分光光度计测得（HITACHI U-3900）。使用 Hitachi F-7000 分光光度计测量了薄膜的光致发光（Photoluminescence，PL）光谱。纽波特（Newport）太阳模拟器系统用于记录器件的 *J-V* 特征曲线和

EQE 特征曲线。OSCs 的亮态 *J-V* 特征曲线在 AM 1.5G，光强度为 100 mW/cm² 的太阳光模拟器下测得。太阳模拟器系统采用在 300~800 nm 波长范围内响应的标准单晶硅二极管标准电池校准。

# 4.2 锑烯量子片在有机太阳能电池活性层中的应用

## 4.2.1 器件的设计与优化

图 4-1 给出了有机太阳能电池的结构示意图，从下到上依次为阳极 ITO，电子传输层 ZnO（40 nm），活性层 PTB7:PC$_{71}$BM:锑烯量子片（95 nm），空穴传输层 MoO$_3$（5 nm）和阳极 Al（80 nm）。由于 ZnO 对紫外光区域的光有强吸收作用，但是对可见光区域和近红外区域的光几乎没有吸收，而且 ZnO 为中性的电极修饰层，所以电子传输层采用 ZnO 既可以起到保护器件活性材料不受紫外线的影响（活性材料受到紫外光的照射易降解）的作用，又可以保护 ITO 电极不被腐蚀，这样的倒置有机太阳能电池会有更好的稳定性。另外，对于同种活性材料一般来说，由于能级匹配的问题倒置器件会比正置器件的综合性能更高。所以本章采用倒置有机太阳能电池作为标准器件来研究锑烯量子片对有机太阳能电池性能的影响机理。

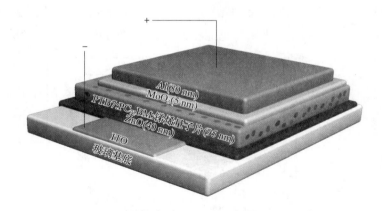

图 4-1 在有机太阳能电池的活性层中掺入锑烯量子片后器件的结构示意图

图 4-2（a）为在有机太阳能电池的活性层中无掺杂和掺杂不同浓度的锑烯量子片后，器件的亮态 *J-V* 特征曲线。表 4-1 详细列出了有机太阳能电池的性能参

数。首先，经过优化各层的厚度与制备工艺，得到了最优的无掺杂的标准有机太阳能电池。它的主要性能参数分别为：$V_{OC}$ 为 0.74 V、$J_{SC}$ 为 15.72 mA/cm²、FF为 66.3%、功率转换效率为 7.76%。为了获得高性能的掺杂锑烯量子片的有机太阳能电池，本章设置了 5 个不同的锑烯量子片掺杂浓度梯度，分别为 0.5 mg/mL、1.0 mg/mL、1.5 mg/mL、2.0 mg/mL 与 6 mg/mL。根据有机太阳能电池的亮态 $J$-$V$ 特征曲线结果显示，当锑烯量子片的掺杂浓度为 1.0 mg/mL 时，有机太阳能电池的性能达到了最优，其 $V_{OC}$ 为 0.74 V、$J_{SC}$ 为 18.34 mA/cm²、FF 为 71.9%、功率转换效率为 9.75%。与标准器件相比，掺杂浓度为 1.0 mg/mL 的有机太阳能电池的 $J_{SC}$、FF 和功率转换效率分别增加了 16.7%、8.4% 和 25.6%。当锑烯量子片的掺杂量从 0 mg/mL 增加到 1 mg/mL 时，掺杂锑烯量子片可以显著提高器件的 $J_{SC}$（18.34 mA/cm²）和 FF（71.9%）。但是，当掺杂锑烯量子片浓度较大时（>1 mg/mL），器件的光伏性能就会下降。锑烯量子片对有机太阳能电池性能影响的具体机理会在后面章节详细描述。

图 4-2（b）为器件的外量子效率特征曲线。因为外量子效率为单位时间内入射的光子数与电极收集的电子数之比。而单位时间内入射光子数理论上是一致的，所以外量子效率会直观地反映有机太阳能电池的 $J_{SC}$。结果显示：与标准器件相比，当有机太阳能电池掺杂锑烯量子片后，器件的外量子效率强度得到了明显的改善。也就是说，掺杂锑烯量子片后的有机太阳能电池对入射光子的利用率变高了，这也是导致有机太阳能电池的 $J_{SC}$ 直接增大的原因。与最优掺杂锑烯量子片（1.0 mg/mL）的有机太阳能电池相比，随着锑烯量子片掺杂量的提高，有

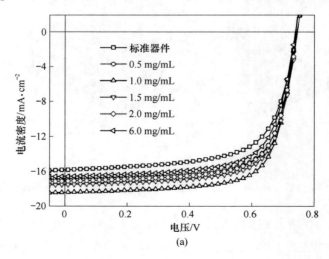

(a)

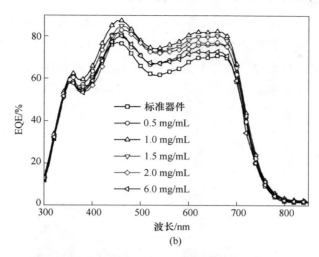

图 4-2  最佳标准器件及活性层中掺杂不同浓度锑烯量子片的器件的 *J-V*
特征曲线（a）和外量子效率特征曲线（b）

机太阳能电池的外量子效率呈减小趋势，即器件的 $J_{SC}$ 会减小。有机太阳能电池
的外量子效率变化趋势与其亮态 *J-V* 特征曲线的变化趋势一致，说明从有机太阳
能电池的亮态 *J-V* 特征曲线中得到的器件的具体性能参数是可靠的。

表 4-1  在基于 PTB7:PC$_{71}$BM（95 nm）的倒置有机太阳能电池的活性层中掺杂不同浓度
锑烯量子片后器件的具体性能参数

| 有机太阳能电池 | $V_{OC}$/V | $J_{SC}$/mA·cm$^{-2}$ | FF/% | 功率转换效率/% |
|---|---|---|---|---|
| 标准器件 | 0.74±0.01 | 15.72±0.12 | 66.3±0.7 | 7.76±0.15 |
| 0.5 mg/mL | 0.74±0.01 | 16.78±0.17 | 71.2±0.9 | 8.85±0.18 |
| 1.0 mg/mL | 0.74±0.01 | 18.34±0.16 | 71.9±0.6 | 9.75±0.16 |
| 1.5 mg/mL | 0.74±0.01 | 17.45±0.13 | 70.8±1.0 | 9.22±0.13 |
| 2.0 mg/mL | 0.74±0.01 | 17.03±0.13 | 70.3±0.7 | 8.92±0.10 |
| 6.0 mg/mL | 0.74±0.01 | 16.47±0.11 | 69.4±0.6 | 8.45±0.14 |

为了与在活性材料中掺杂其他材料的有机太阳能电池的性能作对比，本章总
结了在 PTB7:PC$_{71}$BM 基的有机太阳能电池的活性层中掺杂其他材料后器件功率
转换效率的改善情况。图 4-3 为不同器件功率转换效率涨幅柱状对比图，具体参
数列于表 4-2。从图 4-3 中可以直观地观察到在活性层中掺杂不同材料给有机太

阳能电池的功率转换效率带来的增强幅度。很显然，掺杂锑烯量子片和掺杂P（NDI2OD-T2）到有机太阳能电池活性层中[222]，同样都对器件的功率转换效率带来较高的涨幅（将近26%）。而且，和已报道的在活性层中掺杂黑磷QDs的有机太阳能电池的功率转换效率相比[123]，掺杂锑烯量子片器件的功率转换效率的涨幅比其高了2.5倍。

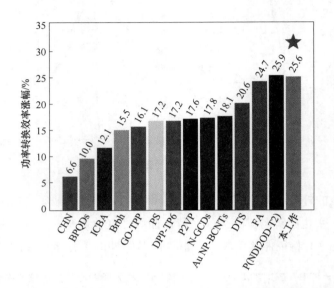

图 4-3 在同一体系活性层中掺杂不同材料后的有机太阳能电池的功率转换
效率涨幅柱状对比图

表 4-2 在同一体系活性层中掺杂不同材料后的有机太阳能电池的具体性能参数

| 掺杂材料 | 功率转换效率/% | 相应功率转换效率的涨幅/% |
| --- | --- | --- |
| 锑烯量子片（本工作） | 7.76→9.75 | 25.6 |
| ICBA[223] | 7.35→8.24 | 12.1 |
| Au NP-BCNTs[224] | 8.31→9.81 | 18.1 |
| GO-TPP[225] | 7.39→8.58 | 16.1 |
| N-GCDs[226] | 7.30→8.60 | 17.8 |
| FA[227] | 7.25→9.04 | 24.7 |
| P（NDI2OD-T2）[222] | 8.02→10.1 | 25.9 |
| PS[228] | 7.61→8.92 | 17.2 |

| 掺杂材料 | 功率转换效率/% | 相应功率转换效率的涨幅/% |
|---|---|---|
| BPQDs[123] | 7.92→8.71 | 10.0 |
| CHN[229] | 6.86→7.31 | 6.6 |
| DTS[230] | 6.30→7.60 | 20.6 |
| Brbh[231] | 7.04→8.13 | 15.5 |
| P2VP[232] | 7.37→8.67 | 17.6 |
| DPP-TP6[233] | 6.50→7.85 | 17.2 |

### 4.2.2 锑烯量子片对改善器件性能的普适性及器件稳定性影响的研究

为了研究掺杂锑烯量子片对有机太阳能电池性能改善的普适性，本节在相同条件下，使用锑烯量子片优化了基于 P3HT:PC$_{61}$BM 的有机太阳能电池。图 4-4 为在基于 P3HT:PC$_{61}$BM 的活性层中掺杂锑烯量子片和未掺杂锑烯量子片的有机太阳能电池的亮态 $J$-$V$ 特征曲线。表 4-3 列出了器件的详细光伏性能参数。结果表明，最优的标准器件（不掺杂锑烯量子片）的 $V_{OC}$ 为 0.57 V、$J_{SC}$ 为 10.12 mA/cm$^2$、FF 为 61.6%、功率转换效率为 3.55%。掺杂 0.5 mg/mL 锑烯量子片的最优器件的 $V_{OC}$ 为 0.57 V、$J_{SC}$ 为 11.91 mA/cm$^2$、FF 为 64.2%、功率转换效率为 4.32%。与最佳标准器件相比，掺杂锑烯量子片的器件的 $J_{SC}$、FF 和功率转换效率分别提高了 17.7%、4.2% 和 21.7%。也就是说，锑烯量子片掺杂对基于 P3HT:PC$_{61}$BM 体系的有机太阳能电池的性能改善有着同样的作用。这就证明了锑烯量子片对有机太阳能电池性能改善的作用具有一定的普适性。

为了研究锑烯量子片掺杂活性层对有机太阳能电池稳定性的影响，本节在未对器件作封装处理的情况下测试了标准有机太阳能电池和掺杂锑烯量子片（1.0 mg/mL）后有机太阳能电池的性能稳定性。每次测试完成后立即将器件放入充满氮气的手套箱中保存。结果如图 4-5 所示，当电池放置 96 h 后，标准器件和掺杂最优浓度锑烯量子片的器件的功率转换效率分别降低了 11.9% 和 9.4%。与标准器件相比，掺杂锑烯量子片（1.0 mg/mL）的器件显示出了更好的稳定性。

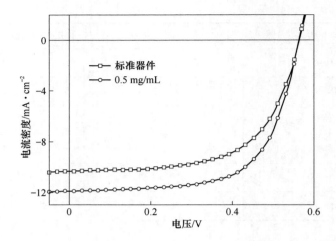

图 4-4 基于 P3HT:PC$_{61}$BM 的有机太阳能电池的亮态 $J$-$V$ 特征曲线

**表 4-3 基于 P3HT:PC$_{61}$BM 的有机太阳能电池的性能参数**

| 有机太阳能电池 | $V_{OC}$/V | $J_{SC}$/mA·cm$^{-2}$ | FF/% | 功率转换效率/% |
|---|---|---|---|---|
| 标准器件 | 0.57 | 10.12 | 61.6 | 3.55 |
| 0.5 mg/mL | 0.57 | 11.91 | 64.2 | 4.32 |

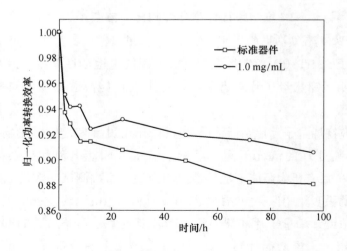

图 4-5 有机太阳能电池性能的老化测试

## 4.3 锑烯量子片在活性层中的作用机制研究

### 4.3.1 锑烯量子片对激子产生和解离的影响

由于锑烯量子片分别对基于 PTB7：PC$_{71}$BM 和 P3HT：PC$_{61}$BM 的有机太阳能电池的光伏性能具有类似的改善作用，本节选择基于 PTB7：PC$_{71}$BM 的有机太阳能电池为代表，研究锑烯量子片对电池光伏性能影响的机理。通常来说，有机太阳能电池的 $J_{SC}$ 的改善与器件的光学和电学过程有关，所以本节主要从器件的光学性能和电学性能两方面研究锑烯量子片掺杂对有机太阳能电池性能影响的机理。

首先，比较在 PTB7：PC$_{71}$BM 中掺杂不同浓度锑烯量子片后共混膜的 UV-vis 吸光光谱。如图 4-6（a）所示，与纯 PTB7：PC$_{71}$BM 共混膜的吸光强度相比，由于锑烯量子片在可见光区域和近红外区域的强光吸收效应和锑烯量子片在活性层中存在散射效应等原因，PTB7：PC$_{71}$BM：锑烯量子片共混膜的光吸收得到了明显的改善。图 4-6（b）为在活性层中掺杂不同浓度锑烯量子片后共混膜的 UV-vis 吸光光谱的增强因子图，即在活性层中掺杂不同浓度锑烯量子片后的薄膜的吸光度与标准活性层薄膜的差值再除以标准薄膜的吸光度得到的增强因子。从图中可以观察到从 300 nm 到 900 nm 的波长范围内的光吸收都有增强，而活性层吸光度的提高有利于增加器件激子的产生率，即有助于提高器件的 $J_{SC}$。

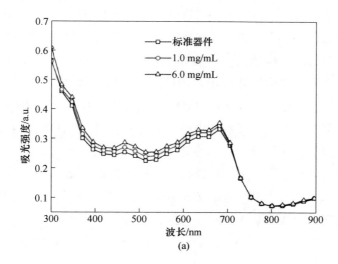

(a)

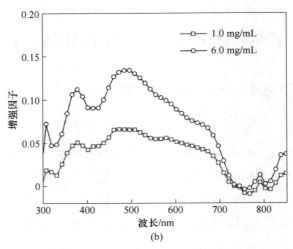

(b)

图 4-6　ITO/ZnO/PTB7:PC$_{71}$BM:锑烯量子片薄膜的 UV-vis 吸光光谱（a）

和 UV-vis 吸光光谱的增强因子图（b）

　　从以上结果可以看出，锑烯量子片的掺杂有助于增强活性层对光的吸收强度。接下来本章从器件的电学性能方面研究了掺杂锑烯量子片对器件性能的影响机理。首先，依据 Mihailetchi 等[234]报道的方法比较了器件的最大激子产生率（$G_{max}$）。图 4-7（a）显示了光电流密度与有效电压（$J_{ph}$-$V_{eff}$）的双对数特征曲线。这里 $J_{ph}=J_{L}-J_{D}$，$V_{eff}=V_{0}-V_{a}$。式中，$J_{L}$ 和 $J_{D}$ 分别为有机太阳能电池在亮态和暗态下的光电流密度；$V_{0}$ 为其开路电压；$V_{a}$ 为外加偏压。而且有 $J_{ph}=eGL$，式中，$e$ 为元电荷；$L$ 为活性层厚度。显然，在 $J_{ph}$-$V_{eff}$ 的特性曲线中可以找到两种不同的区域。在低电压区域，$J_{ph}$ 与 $V_{eff}$ 呈线性关系。随着电压的不断增加，$J_{ph}$ 逐渐接近饱和光电流（$J_{sat}$）。由于在有机太阳能电池中激子的解离与器件电场情况存在相关行为，所有产生的激子在高的内建电场下，均会解离为自由电荷载流子。因此，有机太阳能电池的 $G_{max}$ 可以被估算出来。图 4-7（d）列出了无掺杂标准器件和掺杂不同浓度锑烯量子片器件的 $G_{max}$ 的具体数值。从图 4-7（d）可以明显地观察到，掺杂锑烯量子片后器件的 $G_{max}$ 值得到了显著的增强，而掺杂锑烯量子片后增强的 $G_{max}$ 反映了器件出色的电荷传输和收集性能，这对应于有机太阳能电池的 $J_{SC}$ 增强的另一原因。

　　随后，本节研究了锑烯量子片掺杂对有机太阳能电池的激子离解率（$P(E,T)$）的影响机理。$P(E,T)$ 的定义式为 $P(E,T)=J_{ph}/J_{sat}$。式中，$E$ 和 $T$ 分别为电场和温度。图 4-7（b）为归一化后器件的 $P(E,T)$ 与 $V_{eff}$ 的特征曲线，计算出的 $P(E,T)$ 的具体数值显示在了图 4-7（d）中。结果显示，无掺杂标准

器件的 $P(E, T)$ 的数值为 82.1%，而掺杂 1 mg/mL 的锑烯量子片的器件的
$P(E, T)$ 的值可高达 94.8%，这表明将锑烯量子片掺入有机太阳能电池中有利于
激子的解离。因此，锑烯量子片的掺杂提高了有机太阳能电池的 $P(E, T)$，这
也是导致器件 $J_{SC}$ 增强的原因之一。另外，本章根据活性材料的 PL 光谱分析了掺
杂锑烯量子片对器件活性材料激子解离能力产生的影响。图 4-7（c）为 PTB7、
PTB7:锑烯量子片和 PTB7:PC$_{71}$BM:锑烯量子片（1.0 mg/mL）薄膜的 PL 光谱。
与 PTB7 薄膜的 PL 光谱强度相比，PTB7:锑烯量子片薄膜的 PL 光谱强度有所降
低，这意味着掺杂锑烯量子片可以猝灭 PTB7 中部分产生的激子。而猝灭的激子
有机会解离成为自由电荷载体，从而导致 $J_{SC}$ 的增强。当添加受体材料 PC$_{71}$BM
后，PTB7:PC$_{71}$BM:锑烯量子片的 PL 光谱强度几乎全部消失，这意味着在活性
层中所产生的激子几乎被完全猝灭了。以上分析可以得出：器件 $J_{SC}$ 增强的主要
原因为锑烯量子片的掺杂提高了器件的激子产生率和解离率。

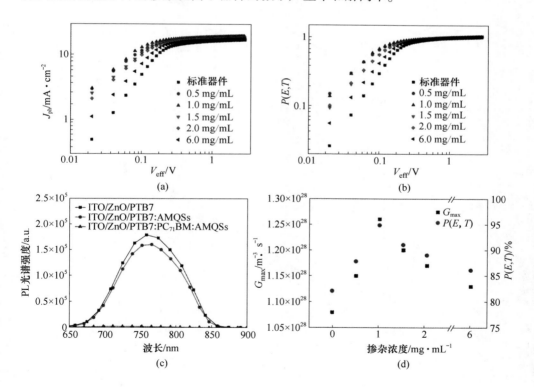

图 4-7　$J_{ph}$-$V_{eff}$ 特征曲线（a），$P(E, T)$-$V_{eff}$ 特征曲线（b），不同共混薄膜的 PL 光谱（c）
和在活性层中掺杂不同浓度锑烯量子片后器件 $G_{max}$ 和 $P(E, T)$ 的参数值（d）

### 4.3.2 锑烯量子片对电荷复合行为的影响

本节从有机太阳能电池的电荷复合行为方面研究了锑烯量子片掺杂对器件性能的影响机理。依据文献报道的方法[235]画出器件 $J_{SC}$ 和 $V_{OC}$ 分别对光强度的特征曲线，如图 4-8 所示。有机太阳能电池的 $J_{SC}$ 与入射光强度的幂成正比关系，其定义式为 $J_{SC} \propto I^{\alpha}$。式中，为入射光强度；$\alpha$ 为入射光强的指数（高效的有机太阳能电池的趋近 1）。图 4-8（a）为有机太阳能电池的掺杂不同浓度锑烯量子片后器件 $J_{SC}$ 与 $I$（$J_{SC}$-$I$）的双对数特征曲线。

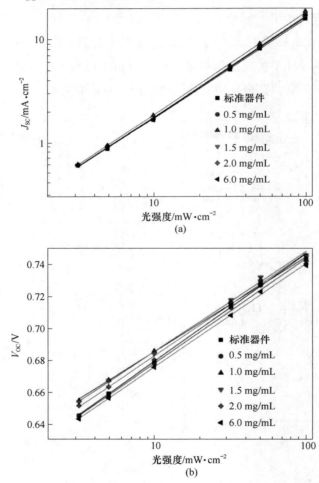

图 4-8 在有机太阳能电池活性层中掺杂不同浓度锑烯量子片后，器件的双对数 $J_{SC}$-$I$
特征曲线（a）和半对数 $V_{OC}$-$I$ 特征曲线（b）

表4-4 中列出了通过式 $J_{SC} \propto I^{\alpha}$ 拟合出的标准器件和掺杂锑烯量子片器件的指数因子 $\alpha$ 的具体数值。可以观察到，不同器件得到的每个 $\alpha$ 值都非常接近1。与标准器件的 $\alpha$ 值相比（0.953），当掺入锑烯量子片后器件的 $\alpha$ 值更加接近于1。其中当锑烯量子片的掺杂浓度为 1 mg/mL 时，器件得到了最优的 $\alpha$ 值（即0.982）。这表明此时器件的电荷传输和收集过程是最优的。

表4-4  在活性层中掺杂不同浓度锑烯量子片的器件的拟合 $\alpha$ 和斜率值

| 掺杂浓度/mg·mL$^{-1}$ | 0 | 0.5 | 1 | 1.5 | 2 | 6 |
| --- | --- | --- | --- | --- | --- | --- |
| $\alpha$ | 0.953 | 0.965 | 0.982 | 0.971 | 0.966 | 0.960 |
| $S$ | 1.14 | 1.11 | 1.02 | 1.06 | 1.08 | 1.10 |

此外，在开路条件下光生电荷载流子会在器件中再次发生复合。因此，电荷复合概率可以直接由 $I$ 对 $V_{OC}$ 的关系反映出来。经研究表明，器件 $V_{OC}$ 与 $I$ 的半对数呈斜率为 $kT/e$ 的线性关系。式中，$k$ 为玻耳兹曼常数；$T$ 为开尔文温度；$e$ 为元电荷[236]。而较低的斜率意味着在复合中心的载流子复合（即间接复合，Shockley-Read-Hall，SRH）就越少。图 4-8（b）为 $V_{OC}$ 对 $I$（$V_{OC}$-$I$）的半对数特征曲线。表4-4 还列出了不同器件的 $V_{OC}$-$I$ 特征曲线的斜率值 $S$。结果显示，标准器件的斜率为 $1.14kT/e$，而在掺杂 1 mg/mL 锑烯量子片的器件中观察到了最小的斜率值 $S$ 为 $1.02kT/e$。也就是说，与标准器件相比，将锑烯量子片掺入 PTB7:PC$_{71}$BM 共混膜后，器件的 SRH 降到了最低，这意味着共混膜中的陷阱缺陷得到了抑制[237]。因此，锑烯量子片的掺杂钝化了器件活性层 PTB7:PC$_{71}$BM 共混膜的缺陷，这有助于提高器件的 $J_{SC}$ 和 FF。

图 4-9 为 ITO/ZnO/PTB7:PC$_{71}$BM/锑烯量子片（锑烯量子片为 0 mg/mL、1 mg/mL 或 6 mg/mL）薄膜的 AFM 图。结果表明，纯的 ITO/ZnO/PTB7:PC$_{71}$BM 薄膜粗糙度的表面均方根（RMS）为 1.73 nm，而当在活性层中掺杂 1.0 mg/mL 的锑烯量子片后，薄膜的 RMS 产生了些许的变化，下降到了 1.64 nm。但是，当掺杂量增加至为 6.0 mg/mL 时，薄膜的 RMS 降低到了 1.51 nm，导致了活性层的较差的相分离，而这样的相分离情况不利于激子的分离和电荷的传输。因此，当掺杂锑烯量子片的浓度过大时，活性层的形貌变化是导致有机太阳能电池性能下降的原因之一。

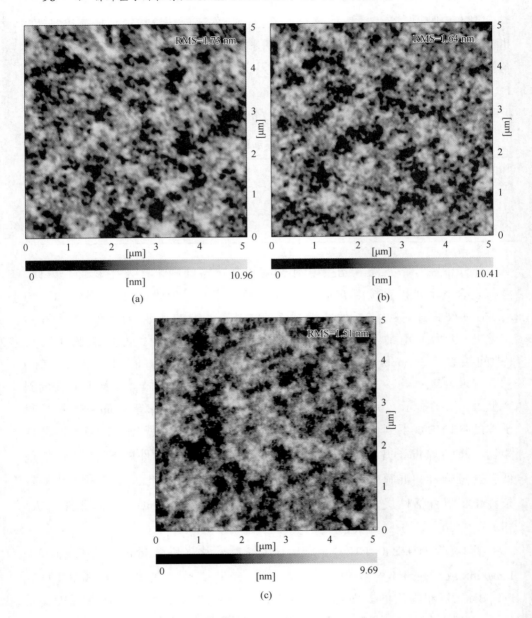

图 4-9 活性层薄膜的 AFM 图 （5.0 μm×5.0 μm）

（a）ZnO/PTB7:PC$_{71}$BM；

（b）ZnO/PTB7:PC$_{71}$BM/锑烯量子片 （1.0 mg/mL）；

（c）ZnO/PTB7:PC$_{71}$BM/锑烯量子片 （6.0 mg/mL）

（扫描书前二维码看彩图）

# 4.4 本章小结

本章主要介绍了一种利用锑烯量子片掺杂有机太阳能电池的活性层来优化器件光伏性能的方法，并同时研究了锑烯量子片对器件性能的影响机理。具体结果总结如下：

（1）通过优化锑烯量子片在活性层中的掺杂浓度，制备了高效的 PTB7:PC$_{71}$BM 基有机太阳能电池。最优器件的锑烯量子片掺杂浓度为 1.0 mg/mL，而最优锑烯量子片基有机太阳能电池的主要光伏性能参数：$V_{OC}$ 为 0.74 V、$J_{SC}$ 为 18.34 mA/cm$^2$、FF 为 71.9%、功率转换效率为 9.75%。与未掺杂锑烯量子片的标准器件相比，掺杂 1.0 mg/mL 锑烯量子片的有机太阳能电池的 $J_{SC}$、FF 和功率转换效率分别提高了 16.7%、8.4% 和 25.6%。另外，利用锑烯量子片掺杂到 P3HT:PC$_{61}$BM 基有机太阳能电池的活性层中同样可以起到改善有机太阳能电池性能的效果，这表明锑烯量子片掺杂活性层对有机太阳能电池性能的改善效果具有一定的普适性。

（2）利用 UV-vis 吸光光谱、$J_{ph}$-$V_{eff}$ 特征曲线、$P(E, T)$-$V_{eff}$ 特征曲线、PL 光谱、$J_{SC}$-$I$ 特征曲线和 $V_{OC}$-$I$ 特征曲等手段，具体分析了锑烯量子片掺杂活性层对有机太阳能电池性能的影响机理。结果表明，器件性能的提升可归因于以下几点：锑烯量子片的掺杂增强了器件的光吸收能力，减少了电荷在器件中的复合概率，提升了器件激子的产生率和解离效率，增强了电荷的迁移率和收集效率等。并且经过稳定性测试，发现掺杂锑烯量子片还有助于提升有机太阳能电池的稳定性。

# 5　锑烯量子片在有机太阳能电池界面修饰层中的应用及作用机制

　　目前，关于开发窄带隙给体材料、非富勒烯受体材料和界面修饰材料的研究已经成为有机太阳能电池领域的核心问题[27-29]。除了给体和受体材料的开发，有机太阳能电池电极与活性层之间界面修饰对器件的效率和稳定性也是至关重要的[30-31]。界面修饰主要是通过在器件的电极与活性层之间插入一层或多层界面修饰层的方式来实现的。界面修饰层不仅可以有效地改善器件的效率和稳定性，而且还可以保护器件不被大气环境中的氧气或者水汽影响以至发生降解[238-239]。其中，界面修饰层改善器件性能的主要机理为：它可以有效地调节电极与给受体之间的能级排列和调控器件的内建电场以形成单载流子传输层。另外，界面修饰还可以用于改善电极与活性层之间的界面接触情况，以消除界面缺陷对器件性能的影响。

　　高性能界面材料的使用是实现高效率有机太阳能电池的关键因素之一。而对于常用的界面修饰材料聚苯乙烯磺酸盐来说，它本身所具有的强酸性和易吸湿性等缺点是造成器件不稳定的重要因素。在选择器件空穴抽取层（空穴提取层）方面，为了提高器件的稳定性，很多具有 p 型半导体特性的材料（如 $Cu_2O$、CuO、$NiO_x$、SnO 和 $V_2O_5$）已经被引入了有机太阳能电池中。这些 p 型材料表现出了较高的空穴迁移率和良好的加工兼容性[240-243]。但是，这些 p 型材料也同样表现出了一些局限性，例如低透明度和较高的加工温度等。因此，开发中性、具有高透明度、低加工温度和良好稳定性的新型 p 型材料对有机太阳能电池来说是一个挑战。最近，一种具有 3.4 eV 带隙的新型 p 型半导体硫氰酸亚铜（CuSCN）表现出了独特的物理和化学性能，使其有望解决以上 p 型材料所带来的问题。硫氰酸亚铜作为空穴提取层已经被用于了制备高效有机太阳能电池[244-245]。但是，硫氰酸亚铜作为空穴提取层层也存在一些有待解决的问题，如硫氰酸亚铜与电池活性材料之间的不兼容性会导致硫氰酸亚铜与活性层之间的界面接触不良，从而产生较大的串联电阻（$R_s$），同时增加器件界面处的电荷复合损失。这就迫切地需要找到其他合适的材料来修饰硫氰酸亚铜空穴提取层与活性层之间的界面接触问题。

第 4 章主要介绍了具有双极性分散特性的锑烯量子片掺杂活性层对改善富勒烯基有机太阳能电池光伏性能的研究,结果表明锑烯量子片在改善活性层载流子迁移率方面具有突出的贡献,这使得锑烯量子片有望解决硫氰酸亚铜空穴提取层与活性层之间不兼容的问题。基于以上调研,本章分别研究了在富勒烯基和非富勒烯基有机太阳能电池中,锑烯量子片作为硫氰酸亚铜空穴提取层与活性层之间界面的修饰层对有机太阳能电池光伏性能产生的影响及其影响机理。即用锑烯量子片来修饰空穴提取层和活性层之间的界面,并与硫氰酸亚铜组成一种更为有效的双层空穴提取层(硫氰酸亚铜/锑烯量子片双层空穴提取层)以达到改善器件光伏性能的目的。

# 5.1 实 验 制 备

## 5.1.1 有机太阳能电池器件的制备

### 5.1.1.1 ITO 玻璃预处理

使用前将 ITO 玻璃依次用洗涤剂、超纯水、丙酮和异丙醇超声清洗 30 min,然后将 ITO 玻璃在烘箱中 60 ℃烘干一夜。ITO 玻璃使用前需经过 UV 臭氧处理 5 min。

### 5.1.1.2 材料的准备

A 空穴提取层材料的制备

(1) 硫氰酸亚铜溶液:将硫氰酸亚铜粉末以 25 mg/mL 的浓度溶解在 DES 中,然后在室温下搅拌过夜。

(2) 锑烯量子片溶液:将锑烯量子片以 1.6 mg/mL 的浓度分散在甲醇和 DMF 的混合溶剂中(甲醇与 DMF 的体积比为 4:1),超声搅拌均匀。注:DMF 的加入是为了增加锑烯量子片在甲醇中的分散度。

B 活性层溶液的制备

(1) PTB7-Th:PC$_{71}$BM,取 10 mg 的 PTB7-Th 和 15 mg 的 PC$_{71}$BM 分散在 1 mL 的氯苯与 DIO(氯苯:DIO=97:3,体积比)的混合溶液中,搅拌均匀待用。

（2）PBDB-T-2F∶IT-4F，取 10 mg 的 PBDB-T-2F 和 10 mg 的 IT-4F 分散在 1 mL 的氯苯与 DIO（氯苯∶DIO＝95∶5，体积比）的混合溶液中，搅拌均匀待用。

（3）PTB7-Th∶ITIC，取 10 mg 的 PTB7-Th 和 13 mg 的 ITIC 分散在 1 mL 的氯苯中，搅拌均匀待用。

### 5.1.1.3 器件制备

有机太阳能电池结构为：ITO/硫氰酸亚铜（40 nm）/锑烯量子片/活性层/BCP（5 nm）/Al（80 nm）。器件结构和器件中使用的活性材料的分子结构，如图 5-1 所示。

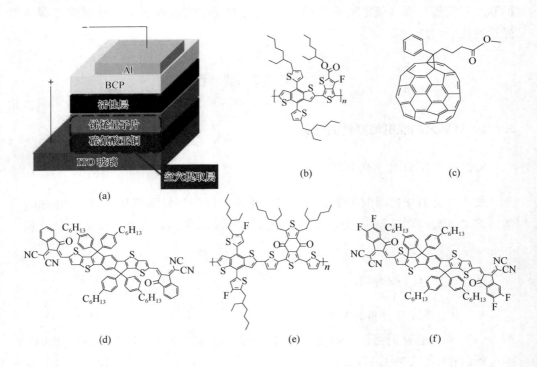

图 5-1 有机太阳能电池的器件结构图（a）和 PTB7-Th（b）、PC$_{71}$BM（c）、ITIC（d）、PBDBT-2F（e）、IT-4F（f）的分子结构式

具体步骤如下：

（1）在 N$_2$ 保护的手套箱中将准备好的硫氰酸亚铜溶液旋涂在用 UV 臭氧预处理的 ITO 基底上，以 100 ℃ 热退火处理 10 min，获得大概 40 nm 厚的硫氰酸亚铜空穴提取层。随后，以不同转速在硫氰酸亚铜层上旋涂具有固定浓度的

锑烯量子片溶液，旋涂完成热退火处理 5 min，这样可以分别得到两种不同的空穴提取层，即硫氰酸亚铜空穴提取层和硫氰酸亚铜/锑烯量子片双层空穴提取层。

（2）在 $N_2$ 保护的手套箱中，将准备好的活性材料旋涂于空穴提取层的顶部，得到相应的活性层。

（3）在蒸镀仓中以 0.02 nm/s 的沉积速率在活性层的顶部沉积 8 nm 厚的电子抽取层（EEL）BCP。

（4）在 BCP 顶部蒸镀 80 nm 厚的 Al 电极。

### 5.1.2 实验所需的药品与仪器

PTB7-Th 和 $PC_{71}BM$ 分别购买自美国的 1-Material 和中国台湾的 Luminescence Technology Corporation。$MoO_3$ 和 ITIC 购买自 Rieke Company。PBDB-T-2F 和 IT-4F 购买自 Solarmer MaterialsInc。硫氰酸亚铜（硫氰酸亚铜）和二乙基硫醚（diethyl sulfide，DES）分别从 Aladdin 和 Sigma-Aldrich 购买。2,9-二甲基-4,7-联苯-1,10-邻二氮杂菲（浴铜灵，bathocuproine，BCP，升华级）购买自 Sigma-Aldrich。1,8-二碘辛烷（1,8-diiodoctane，DIO，95%）购买自上海西宝生物科技有限公司。N,N-二甲基甲酰胺（dimethylformamide，DMF）购买自 Aldrich。氧化铟锡导电玻璃（ITO，有效电池面积为 0.09 $cm^2$，面电阻小于 15 Ω）购买自深圳南坡有限公司。锑烯量子片按照第 3 章提供的方法自行合成。

常用溶剂如无水乙醇、异丙醇、丙酮、甲醇均购买自国药集团化学试剂有限公司。纯度为 99.9% 的氯苯和纯度为 99.9% 的邻二氯苯均购买自 Aldrich。所有试剂直接使用均未进一步纯化处理。超纯水产自 Thermo scientific（USA）仪器，规格为 18.2 MΩ·cm。

主要表征仪器：Newport 太阳模拟器系统记录了电流密度-电压（J-V）特征曲线和外量子效率（EQE）曲线。其中，有机太阳能电池的 J-V 特征曲线是在 AM 1.5G、光强度为 100 $mW/cm^2$ 的模拟器下测量得到的。随后，使用 Hitachi F-7000 分光光度计对不同薄膜进行了光致发光（PL）光谱测量，利用 Zahner 电化学工作站（德国）对不同器件完成了电化学阻抗光谱法（EIS）的测量，通过 SPA-300HV 原子力显微镜（AFM）分析了不同薄膜的表面形貌，通过 Dektak XT 探针轮廓仪测试了不同薄膜的厚度。

## 5.2  硫氰酸亚铜作为空穴抽取层对有机太阳能电池光伏性能的优化

在研究锑烯量子片作为界面修饰层对富勒烯基有机太阳能电池和非富勒烯基有机太阳能电池中硫氰酸亚铜空穴提取层与活性层之间界面的修饰效果之前，本节首先选择用硫氰酸亚铜作为空穴提取层来优化富勒烯基有机太阳能电池的性能。在这里，富勒烯基有机太阳能电池的活性材料由 PTB7-Th 窄带隙给体材料和 $PC_{71}BM$ 富勒烯受体材料组成。然后，通过在不同转速下旋涂硫氰酸亚铜空穴提取层，将硫氰酸亚铜层的厚度从 30 nm 调整到 100 nm，优化了硫氰酸亚铜作为有机太阳能电池空穴提取层的厚度。富勒烯基有机太阳能电池的具体器件结构为 ITO/硫氰酸亚铜/PTB7-Th：$PC_{71}BM$（100 nm）/BCP（8 nm）/Al（80 nm）。

图 5-2 为器件的 $J$-$V$ 特征曲线和外量子效率特征曲线，器件的具体的光伏性能参数列在了表 5-1 中。从结果来看，硫氰酸亚铜的厚度为 40 nm 时，器件的性能达到了最优状态。在此厚度下，最优器件的具体光伏性能参数为：$V_{OC}$ 为 0.79 V、$J_{SC}$ 为 15.90 mA/$cm^2$、FF 为 65.9%、功率转换效率为 8.21%、$R_s$ 为 52 Ω、$R_{sh}$ 为 5625 Ω。可以看到，器件具有一个相对较低的 FF，而这正是由于硫氰酸亚铜空穴提取层与活性层之间的不兼容造成的。

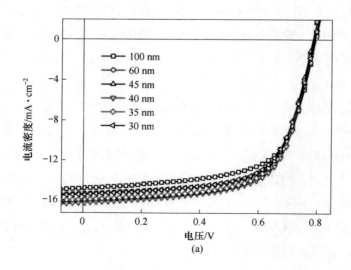

(a)

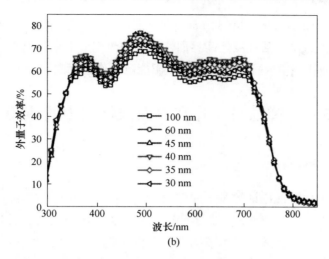

(b)

图 5-2 以不同厚度的硫氰酸亚铜作为空穴提取层的 PTB7-Th:PC$_{71}$BM 基有机太阳能
电池的亮态 *J-V* 特征曲线（a）和外量子效率特征曲线（b）

（器件结构为 ITO/硫氰酸亚铜（X nm）/PTB7-Th:PC$_{71}$BM(100 nm)/BCP(8 nm)/Al(80 nm)）

表 5-1 以不同厚度的硫氰酸亚铜作为空穴提取层的 **PTB7-Th:PC$_{71}$BM** 基有机太阳能
电池的光伏性能参数

| 硫氰酸亚铜的 厚度/nm | $V_{OC}$ /V | $J_{SC}$ /mA · cm$^{-2}$ | FF /% | 功率转换效率 /% | $R_s$ /Ω | $R_{sh}$ /Ω |
|---|---|---|---|---|---|---|
| 100 | 0.79 ± 0.02 | 14.51 ± 0.10 | 64.8 ± 0.5 | 7.44 ± 0.09 | 58 | 5445 |
| 60 | 0.79 ± 0.02 | 15.03 ± 0.06 | 65.9 ± 0.5 | 7.84 ± 0.13 | 63 | 6715 |
| 45 | 0.79 ± 0.02 | 15.75 ± 0.13 | 65.0 ± 0.4 | 8.00 ± 0.12 | 60 | 5734 |
| 40 | 0.79 ± 0.02 | 15.90 ± 0.11 | 65.9 ± 0.8 | 8.21 ± 0.14 | 52 | 5625 |
| 35 | 0.79 ± 0.02 | 15.59 ± 0.08 | 65.9 ± 0.8 | 7.99 ± 0.10 | 65 | 6720 |
| 30 | 0.79 ± 0.02 | 15.08 ± 015 | 65.9 ± 0.8 | 7.74 ± 0.08 | 63 | 5957 |

　　另外，在硫氰酸亚铜作为空穴提取层对两种非富勒烯基的有机太阳能电池的
性能优化工作中，我们发现类似的趋势，即硫氰酸亚铜作为空穴提取层的最优厚
度仍为 40 nm。在这里，两种常用的非富勒烯基活性材料 PBDBT-2F:IT-4F 和
PTB7-Th:ITIC 代替了富勒烯基活性材料 PTB7-Th:PC$_{71}$BM 制备了结构分别为
ITO/硫氰酸亚铜/PBDBT-2F:IT-4F/BCP(8 nm)/Al(80 nm) 和 ITO/硫氰酸亚铜/

PTB7-Th：ITIC/BCP（8 nm）/Al（80 nm）两种器件。接下来针对锑烯量子片作为硫氰酸亚铜空穴提取层与活性层之间界面修饰层的研究，本章都以具有最优厚度为 40 nm 的硫氰酸亚铜空穴提取层的有机太阳能电池作为标准器件。

# 5.3  锑烯量子片在界面修饰层中的应用

## 5.3.1  器件的设计与优化

此节主要优化了使用锑烯量子片作为双功能层（界面修饰层和空穴提取层）的有机太阳能电池的光伏性能。为了研究锑烯量子片作为双功能层是否对有机太阳能电池具有一定的普适性，本节选取了富勒烯基的有机太阳能电池和非富勒烯基的有机太阳能电池作为研究对象。

首先，本节对富勒烯基的有机太阳能电池进行了优化。在这里富勒烯基有机太阳能电池的活性材料由 PTB7-Th 窄带隙给体材料和 $PC_{71}BM$ 富勒烯受体材料组成。这里选取的标准器件结构为：ITO/硫氰酸亚铜/PTB7-Th：$PC_{71}BM$/BCP/Al，即采用了纯硫氰酸亚铜作为器件的空穴提取层。而具有界面修饰层的优化器件结构为：ITO/硫氰酸亚铜/锑烯量子片/PTB7-Th：$PC_{71}BM$（100 nm）/BCP/Al（80 nm），即采用硫氰酸亚铜/锑烯量子片作为器件的双层空穴提取层。标准器件硫氰酸亚铜空穴提取层的最优厚度为 40 nm。另外，为了得到高性能的锑烯量子片基的有机太阳能电池，本节将具有固定浓度（1.6 mg/mL）的锑烯量子片溶液以不同旋涂转速（1000~6000 r/min）来优化锑烯量子片在器件中的厚度。

图 5-3 为具有硫氰酸亚铜/锑烯量子片双层空穴提取层器件和标准器件的亮态 J-V 特征曲线和外量子效率特征曲线。器件的具体光伏性能参数列在了表 5-2 中，其中器件的每组性能参数都是从 20 个不同批次的独立器件中得到的。从图 5-3（a）可得到，最优的标准器件的具体光伏性能为：$V_{OC}$ 为 0.79 V、$J_{SC}$ 为 15.21 mA/$cm^2$（括号中的数值为外量子效率特征曲线拟合值）、FF 为 64.6%、功率转换效率为 7.86%、$R_s$ 为 64 Ω、$R_{sh}$ 为 4709 Ω。当在标准器件中加入锑烯量子片功能层后，器件的 $V_{OC}$ 没有变化，而器件的 $J_{SC}$ 得到了明显的增强。同时器件的 FF 也得到了少许的改善，最终提升了器件的功率转换效率。经过对锑烯量子片薄膜制备工艺的优化，我们发现旋涂锑烯量子片的转速为 3000 r/min 时，具有硫氰酸亚铜/锑烯量子片双层空穴提取层器件的光伏性能达到了最优。与标准器件相比，硫氰酸亚铜/锑烯量子片双层空穴提取层基最优器件的 $J_{SC}$ 和功率转换

效率分别提高了约 12.4%（达到了 16.52 mA/cm²）和 12.0%（达到了 8.8%）。

图 5-3（b）为 PTB7-Th:PC$_{71}$BM 基有机太阳能电池的外量子效率特征曲线，与标准器件相比，具有硫氰酸亚铜/锑烯量子片双层空穴提取层的器件在 350~700 nm 波长范围内具有更高的效率。关于外量子效率测量结果证实了器件光伏性能的提高。将器件外量子效率光谱积分后同样可获得器件的 $J_{SC}$ 值，见表 5-2。与从 $J$-$V$ 曲线提取的 $J_{SC}$ 值相比，从外量子效率光谱积分获得的 $J_{SC}$ 值与之相差甚微，前后仅有小于 5% 的差异，这表明器件的光伏性能参数是可靠的。

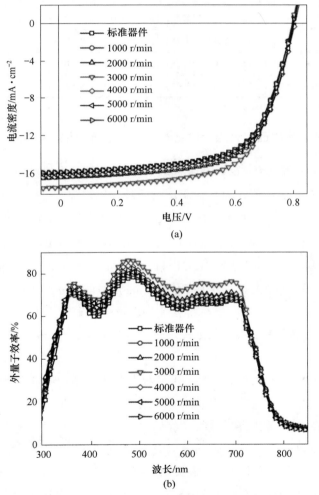

图 5-3 硫氰酸亚铜/锑烯量子片双层空穴提取层器件的和标准器件的亮态 $J$-$V$
特征曲线（a）和外量子效率特征曲线（b）

（器件结构为 ITO/空穴提取层（40 nm）/PTB7-Th:PC$_{71}$BM（100 nm）/BCP（8 nm）/Al（80 nm））

表 5-2  硫氰酸亚铜/锑烯量子片双层空穴提取层器件的和标准器件的光伏性能参数
（误差棒是从不同批次的 20 个独立器件中获得的）

| 锑烯量子片旋涂速度 /r·min$^{-1}$ | $V_{OC}$ /V | $J_{SC}$ /mA·cm$^{-2}$ | FF /% | 功率转换效率 /% | $R_s$ /Ω | $R_{sh}$ /Ω |
|---|---|---|---|---|---|---|
| 标准器件 | 0.79 ± 0.02 | 15.21 ± 0.11 (14.78) | 64.6 ± 0.6 | 7.86 ± 0.12 | 64 | 4709 |
| 1000 | 0.79 ± 0.02 | 15.55 ± 0.09 (15.15) | 65.1 ± 0.6 | 8.01 ± 0.11 | 66 | 6911 |
| 2000 | 0.79 ± 0.02 | 16.08 ± 0.13 (15.59) | 65.5 ± 0.4 | 8.33 ± 0.13 | 64 | 6687 |
| 3000 | 0.79 ± 0.02 | 17.10 ± 0.15 (16.52) | 65.2 ± 0.7 | 8.80 ± 0.14 | 63 | 6429 |
| 4000 | 0.79 ± 0.02 | 15.98 ± 0.12 (15.48) | 65.1 ± 0.8 | 8.30 ± 0.16 | 63 | 5055 |
| 5000 | 0.79 ± 0.02 | 15.70 ± 0.08 (15.28) | 65.8 ± 0.5 | 8.20 ± 0.12 | 59 | 5107 |
| 6000 | 0.79±0.02 | 15.55 ± 0.08 (15.05) | 65.2 ± 0.6 | 8.03 ± 0.07 | 66 | 6367 |

### 5.3.2  锑烯量子片界面修饰层对改善器件性能的普适性的研究

为了证明硫氰酸亚铜/锑烯量子片双层空穴提取层不仅可以改善富勒烯基有机太阳能电池的光伏性能，而且在非富勒烯基有机太阳能电池中也同样具有普适性，本节分别选取了两种常用的非富勒烯基的活性材料 PBDBT-2F∶IT-4F 和 PTB7-Th∶ITIC 来代替富勒烯基活性材料 PTB7-Th∶PC$_{71}$BM，制备了结构分别为 ITO/空穴提取层（40 nm）/PBDBT-2F∶IT-4F/BCP(8 nm)/Al(80 nm) 和 ITO/空穴提取层（40 nm）/PTB7-Th∶ITIC/BCP(8 nm)/Al(80 nm) 的有机太阳能电池。器件的空穴提取层分为两种，即标准参比的硫氰酸亚铜空穴提取层和硫氰酸亚铜/锑烯量子片双层空穴提取层，其中锑烯量子片功能层是以 3000 r/min 的转速制备得到的。

图 5-4 为 PBDBT-2F∶IT-4F 基有机太阳能电池的 J-V 特征曲线和外量子效率特征曲线。具体的光伏性能参数总结在了表 5-3 中。结果显示，使用纯硫氰酸亚铜作为空穴提取层的标准器件获得了优异的光伏性能，如最优标准器件的功率转换效率高达 9.24%、$J_{SC}$ 为 17.21 mA/cm$^2$、$V_{OC}$ 为 0.81 V、FF 为 66.3%。而在使用硫氰酸亚铜/锑烯量子片双层空穴提取层基的最优器件获得了更高的光伏性能，即功率转换效率为 10.14%、$J_{SC}$ 为 18.70 mA/cm$^2$、$V_{OC}$ 为 0.80 V、FF 为 67.8%。与标准器件相比，最优的硫氰酸亚铜/锑烯量子片双层空穴提取层器件的功率转换效率提高了大约 10%。

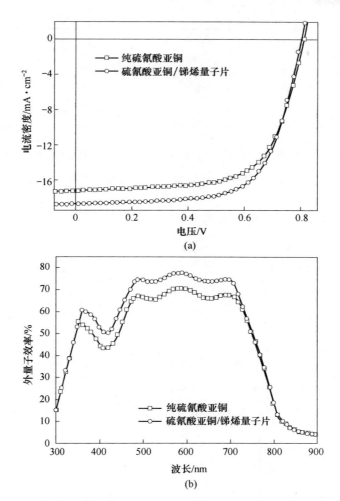

图 5-4 硫氰酸亚铜空穴提取层和硫氰酸亚铜/锑烯量子片双层空穴提取层的 PBDB-T-2F:
IT-4F 基有机太阳能电池的亮态 $J$-$V$ 特征曲线（a）和外量子效率特征曲线（b）
（器件结构为 ITO/空穴提取层（40 nm）/PBDB-T-2F:IT-4F/BCP（8 nm）/Al（80 nm））

表 5-3  拥有硫氰酸亚铜空穴提取层和硫氰酸亚铜/锑烯量子片双层空穴提取层的
**PBDB-T-2F:IT-4F 基和 PTB7-Th:ITIC 基有机太阳能电池的光伏性能参数**

| 活性材料 | 器件 | $V_{OC}$ /V | $J_{SC}$ /mA·cm$^{-2}$ | FF /% | 功率转换效率 /% |
|---|---|---|---|---|---|
| PBDB-T-2F: IT-4F | 标准器件 | 0.81±0.04 | 17.21±0.20 | 66±0.60 | 9.05±0.20 |
|  | 3000 r/min | 0.81±0.04 | 18.70±0.30 | 67±0.50 | 10.01±0.13 |

| 活性材料 | 器件 | $V_{OC}$ /V | $J_{SC}$ /mA·cm$^{-2}$ | FF /% | 功率转换效率 /% |
|---|---|---|---|---|---|
| PTB7-Th:ITIC | 标准器件 | 0.82±0.04 | 14.08±0.25 | 58.77±0.60 | 6.63±0.15 |
| | 3000 r/min | 0.82±0.04 | 15.07±0.15 | 59.06±0.40 | 7.03±0.12 |

　　此外，硫氰酸亚铜/锑烯量子片双层空穴提取层还应用在了制备高性能的 PTB7-Th:ITIC 基有机太阳能电池。图 5-5 为 PTB7-Th:ITIC 基有机太阳能电池的

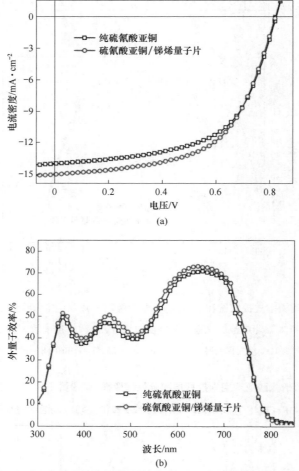

图 5-5　拥有硫氰酸亚铜空穴提取层和硫氰酸亚铜/锑烯量子片双层空穴提取层的 PBDB-T-2F：
IT-4F 基有机太阳能电池的亮态 *J-V* 特征曲线 （a） 和外量子效率特征曲线 （b）
（器件结构为 ITO/空穴提取层 （40 nm）/PTB7-Th:ITIC/BCP（8 nm）/Al（80 nm））

$J$-$V$ 特征曲线和外量子效率特征曲线。具体的光伏性能参数总结在了表 5-3 中。结果显示，使用硫氰酸亚铜/锑烯量子片双层空穴提取层的 PTB7-Th:ITIC 基最优器件的功率转换效率为 7.15%，$J_{SC}$ 为 15.16 mA/cm$^2$，$V_{OC}$ 为 0.82 V，FF 为 59.06%。与标准器件（使用硫氰酸亚铜空穴提取层）的光伏性能相比，在硫氰酸亚铜/锑烯量子片基器件中观察到的 $J_{SC}$ 和 FF 值都有所增加，最终功率转换效率提升了 5% 以上。硫氰酸亚铜/锑烯量子片双层空穴提取层对 PTB7-Th:PC$_{71}$BM、PBDBT-2F:IT-4F 和 PTB7-Th:ITIC 三种活性材料的有机太阳能电池光伏性能影响的结果表明，硫氰酸亚铜/锑烯量子片双层空穴提取层对改善有机太阳能电池光伏性能具有普适性，可用于高效聚合物光伏器件中。

### 5.3.3 锑烯量子片界面修饰层对改善器件稳定性影响的研究

由于有机材料的固有特性，有机太阳能电池的稳定性也是必须解决的问题之一。在此，为了研究硫氰酸亚铜基有机太阳能电池的稳定性，本工作在充满氮气的手套箱中对未封装的有机太阳能电池进行了老化测试。

图 5-6 显示了 3 个器件（器件 A、器件 B 和器件 C）的稳定性比较。为了公平比较，使用了类似的电池结构，即这 3 个器件的结构为 ITO/空穴提取层/PTB7-Th:PC$_{71}$BM(100 nm)/BCP(8 nm)/Al(80 nm)，它们结构的差别仅仅只是空穴提取层不同。其中器件 A、器件 B 和器件 C 的空穴提取层分别为聚苯乙烯磺酸盐、硫氰酸亚铜和硫氰酸亚铜/锑烯量子片。图 5-6（a）~（d）依次为器件 $J_{SC}$、$V_{OC}$、FF 和功率转换效率对时间的归一化曲线。与器件 A 相比，很明显器件 B 和器件 C 在 1 个月内表现出更好的稳定性。在手套箱中保存 1 个月后，对于器件的功率转换效率来说，器件 A，器件 B 和器件 C 分别保留其初始性能的 8%、

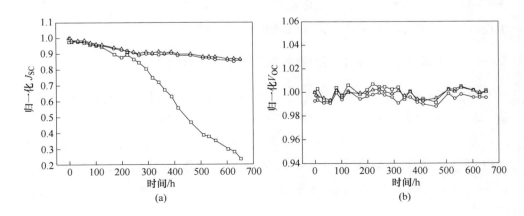

(a)          (b)

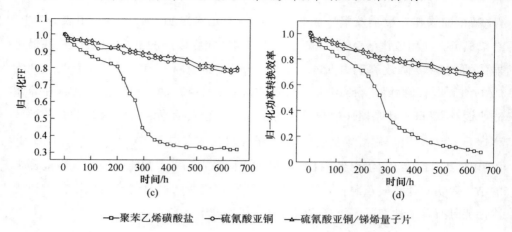

图 5-6 器件 A、器件 B 和器件 C 的老化测试

（a）归一化 $J_{\mathrm{SC}}$；（b）归一化 $V_{\mathrm{OC}}$；（c）归一化 FF；（d）归一化功率转换效率

66%和68%。该结果表明，硫氰酸亚铜作为空穴提取层在延长有机太阳能电池使用寿命方面是有巨大应用价值的。此外，这种老化测试进一步证明了锑烯量子片在有机太阳能电池中的稳定性是非常优秀的。

## 5.4 锑烯量子片界面修饰层对有机太阳能电池性能影响的作用机制

本节使用锑烯量子片修饰了器件硫氰酸亚铜空穴提取层和活性层之间的界面，形成了一种高效的硫氰酸亚铜/锑烯量子片双层空穴提取层，并且通过使用硫氰酸亚铜/锑烯量子片双层空穴提取层制备了高效的有机太阳能电池。本节选择 PTB7-Th:PC$_{71}$BM 基的有机太阳能电池为研究对象，探究硫氰酸亚铜/锑烯量子片双层空穴提取层对有机太阳能电池光伏性能影响的机理。

### 5.4.1 锑烯量子片界面修饰层对器件激子产生和解离的影响

为了揭示锑烯量子片界面修饰层对有机太阳能电池内部激子产生和解离的贡献，本节研究了器件光电流密度相对于有效电压的特征曲线（$J_{\mathrm{ph}}$-$V_{\mathrm{eff}}$），如图5-7（a）所示。器件的最大激子产生率（$G_{\mathrm{max}}$）可以从图 5-7（a）曲线中得出，具体的 $G_{\mathrm{max}}$ 参数值总结在了图 5-8（a）中。与标准器件的 $G_{\mathrm{max}}$ 值（8.79 × $10^{27}$ m$^{-3}$/s）相比，使用硫氰酸亚铜/锑烯量子片双层空穴提取层器件的 $G_{\mathrm{max}}$ 值有明显改善。其中，使用硫氰酸亚铜/锑烯量子片双层空穴提取层最优器件的 $G_{max}$ 值为 $9.95 \times 10^{27}$ m$^{-3}$/s。由于 $G_{max}$ 与有机太阳能电池的 $J_{SC}$ 值是密切相关的[234]，所以增强的 $G_{max}$ 意味着使用硫氰酸亚铜/锑烯量子片双层空穴提取层器件具有更有效的电荷传输性能和收集性能，即硫氰酸亚铜/锑烯量子片双层空穴提取层有助于改善器件的 $J_{SC}$ 值。

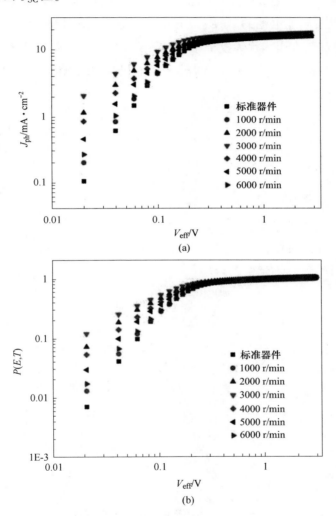

图 5-7 标准器件和具有硫氰酸亚铜/锑烯量子片双层空穴提取层器件的 $J_{ph}$-$V_{eff}$
特征曲线（a）和 $P(E, T)$-$V_{eff}$ 特征曲线（b）

另外，由于有机半导体中产生的激子的结合能一般较高，所以在有机太阳能电池中只有部分激子可以分解成自由电荷载流子。图 5-7 (b) 比较了不同有机太阳能电池的激子解离率 ($P(E, T)$)，$P(E, T)$ 的定义式有 $P(E, T) = J_{ph}/J_{sat}$。式中，$E$ 和 $T$ 分别是电场和温度[234]。不同器件具体的 $P(E, T)$ 参数值总结在了图 5-8 (a) 中。在有机太阳能电池中高 $P(E, T)$ 是实现高 $J_{SC}$ 和高光电性能的必要条件。如图 5-7 (b) 所示，基于硫氰酸亚铜/锑烯量子片双层空穴提取层最优有机太阳能电池的 $P(E, T)$ 的参数值从标准器件的 80.4% 提高到了 97.1%，这意味着在引入锑烯量子片后，激子发生了更有效的解离。因此，在基于硫氰酸亚铜/锑烯量子片双层空穴提取层的有机太阳能电池中，增加的 $P(E, T)$ 是器件 $J_{SC}$ 得到改善的另一个因素。

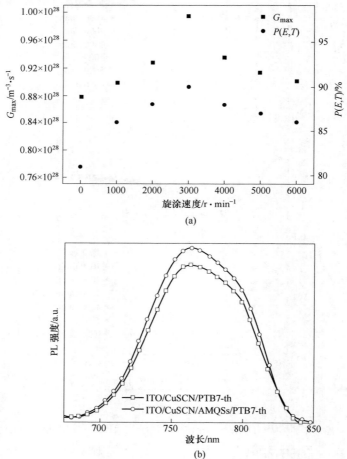

图 5-8 标准器件和使用硫氰酸亚铜/锑烯量子片双层空穴提取层最优器件的 $G_{max}$ 和 $P(E, T)$ 参数值 (a) 和室温下具有层状结构样品的 PL 光谱 (b)

此外，为了得到高性能的有机太阳能电池，有机太阳能电池内生成的激子必须在给体和受体的界面处猝灭，也就是激子要在给体和受体的界面处发生有效的解离。而 PL 光谱就比较适合用来分析本工作中空穴提取层与活性层界面处的激子猝灭效应，但是由于有机太阳能电池中激子的猝灭发生在活性层共混膜中，所以此处对纯 PTB7-Th 薄膜进行了 PL 光谱表征，而不是 PTB7-Th：PC$_{71}$BM 共混膜。其中，标准参比薄膜和具有硫氰酸亚铜/锑烯量子片双层空穴提取层薄膜的结构分别分为 ITO/硫氰酸亚铜/PTB7-Th 和 ITO/硫氰酸亚铜/锑烯量子片（3000 r/min）/PTB7-Th。如图 5-8（b）所示，与标准参比薄膜相比，硫氰酸亚铜/锑烯量子片双层空穴提取层样品的 PL 强度明显更强，这表明在硫氰酸亚铜和 PTB7-Th 之间插入锑烯量子片后激子猝灭效果减弱了。而在使用锑烯量子片界面修饰的器件中，激子在空穴提取层和活性层界面处的猝灭作用减弱会给器件的 $J_{SC}$ 带来极大的改善。PL 光谱结果再次确认了锑烯量子片界面修饰对改善有机太阳能电池性能的贡献。

## 5.4.2 锑烯量子片界面修饰层对器件电荷复合行为的影响

为了进一步研究锑烯量子片对有机太阳能电池中电荷复合行为的影响，本节测试了器件入射光强度（$I$）对 $J_{SC}$ 和 $V_{OC}$ 的特征曲线，如图 5-9 所示。通常，有机太阳能电池的 $J_{SC}$ 与入射光强度的幂成正比关系，其定义式为 $J_{SC} \propto I^{\alpha}$。其中 $\alpha$ 为入射光强的指数（高效的有机太阳能电池的趋近 1）[246]。指数因子（$\alpha$）的值可通过线性拟合获得，其具体参数值列在了表 5-4 中。如图 5-9（a）所示，在标准器件和具有硫氰酸亚铜/锑烯量子片双层空穴提取层器件的 $\alpha$ 值略低于 1，即器件都表现出了弱的双分子复合行为。与标准器件的 $\alpha$ 值（0.951）相比，具有硫氰酸亚铜/锑烯量子片双层空穴提取层且锑烯量子片旋涂转速为 3000 r/min 的最佳器件的 $\alpha$ 值增加到 0.99。也就是说，基于硫氰酸亚铜/锑烯量子片双层空穴提取层的有机太阳能电池更好地抑制了器件的双分子复合行为。

图 5-9（b）中比较了器件的 $I$-$V_{OC}$ 特征曲线。因为在开路条件下，生成的电荷载流子会再次复合，所以 $I$-$V_{OC}$ 特征曲线可以直接反映有机太阳能电池的电荷复合的过程。如图 5-7（b）所示，器件 $V_{OC}$ 与 $I$ 的半对数呈斜率为 $kT/e$ 的线性关系，其中 $k$ 为玻耳兹曼常数、$T$ 为开尔文温度、$e$ 为元电荷[236]。表 5-4 总结了通过线性拟合得到的斜率值（$S$），$S$ 可反映有机太阳能电池中电荷的重组损失情况。结果显示，在标准器件中获得的 $S$ 值为 1.11，而在硫氰酸亚铜/锑烯量子片

双层空穴提取层器件中观察到了更低的 $S$ 值，即硫氰酸亚铜/锑烯量子片双层空穴提取层器件表现出了更弱的陷阱辅助（Shockley-Read-Hall，SRH）载流子复合损失。当锑烯量子片的旋涂转速为 3000 r/min 时，器件获得了一个最小的 $S$ 值，即 1.01。与标准器件相比，使用硫氰酸亚铜/锑烯量子片双层空穴提取层可以更有效地抑制器件中的 SRH 载流子复合损失。这意味着在硫氰酸亚铜/锑烯量子片双层空穴提取层表面的缺陷分布减少了[247-248]。以上研究表明，引入锑烯量子片可以有效钝化硫氰酸亚铜上的表面缺陷，从而改善基于硫氰酸亚铜/锑烯量子片双层空穴提取层器件的光伏性能，如 $J_{SC}$、FF 和功率转换效率等。

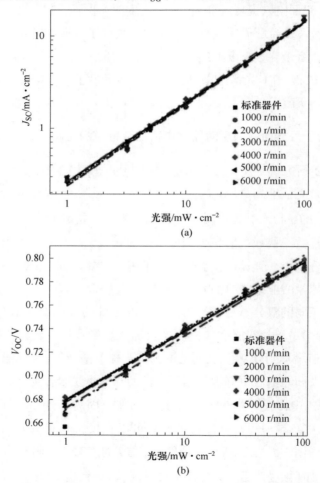

图 5-9 标准器件和具有硫氰酸亚铜/锑烯量子片双层空穴提取层器件的
$I$-$J_{SC}$ 特征曲线（a）和 $I$-$V_{OC}$ 特征曲线（b）

（扫描书前二维码看彩图）

**表 5-4** 从标准器件和具有硫氰酸亚铜/锑烯量子片双层空穴提取层器件中

提取的指数因子 $\alpha$ 和斜率值 $S$

| 项目 | 标准器件 | 旋涂速度/r·min⁻¹ | | | | | |
|---|---|---|---|---|---|---|---|
| | | 1000 | 2000 | 3000 | 4000 | 5000 | 6000 |
| $\alpha$ | 0.951 | 0.955 | 0.985 | 0.990 | 0.978 | 0.966 | 0.953 |
| $S$ | 1.11 | 1.08 | 1.03 | 1.01 | 1.03 | 1.04 | 1.07 |

### 5.4.3 锑烯量子片界面修饰层对器件电荷提取性能的影响

为了研究器件的电荷的提取行为，首先，本节使用 AFM 研究了锑烯量子片对硫氰酸亚铜薄膜表面形态产生的影响。图 5-10（a）（b）分别为纯硫氰酸亚铜薄膜和硫氰酸亚铜/锑烯量子片薄膜的 3-D AFM 图。纯硫氰酸亚铜的均方根（RMS）粗糙度为 1.6 nm。而以 3000 r/min 在硫氰酸亚铜的顶部旋涂锑烯量子片涂层后，薄膜的 RMS 粗糙度降低至了 1.5 nm。据此推断，引入锑烯量子片中间层可以钝化硫氰酸亚铜空穴提取层表面的缺陷使其表面变平滑，从而改善空穴提取层与活性层的界面接触，这有利于器件电荷的提取过程。

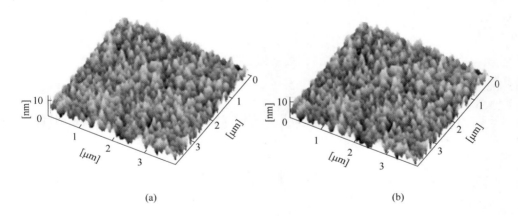

(a)　　　　　　　　　　　　　(b)

图 5-10　ITO/硫氰酸亚铜薄膜（a）和 ITO/硫氰酸亚铜/锑烯量子片薄膜的

3-D AFM 图像（b）（4.0 μm×4.0 μm）

（锑烯量子片层以 3000 r/min 的转速旋涂）

为了进一步确定以上结论，本节继续利用电化学阻抗谱（EIS）分析了有机太阳能电池的纵向电荷传输电阻[249-250]。图 5-11 为标准器件和具有硫氰酸亚铜/

锑烯量子片双层空穴提取层最优器件（锑烯量子片的旋涂转速为 3000 r/min）的奈奎斯特曲线（Nyquist plots）。EIS 测量是在零偏压和黑暗条件下进行的。在图 5-11 中可以观察到准半圆形的奈奎斯特曲线，而准半圆的直径与器件的传输电阻成正相关关系。与标准器件相比，在具有硫氰酸亚铜/锑烯量子片双层空穴提取层器件的奈奎斯特曲线中观察到了一个更短的直径，这意味着在基于硫氰酸亚铜/锑烯量子片双层空穴提取层器件中的传输电阻较低。也就是说，锑烯量子片引入有机太阳能电池后的可以降低硫氰酸亚铜空穴提取层和活性层之间的接触电阻。而降低电荷的传输阻力有利于有机太阳能电池的电荷传输和提取，从而提高器件的 $J_{SC}$ 和 FF。EIS 的测量结果再次证实了关于引入锑烯量子片有利于提高有机太阳能电池的光伏性能的观点。

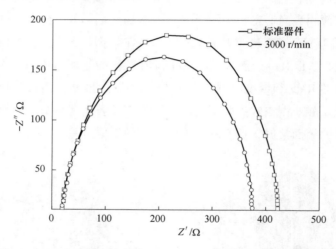

图 5-11　标准器件和具有硫氰酸亚铜/锑烯量子片双层空穴提取层最优器件的电阻抗谱

## 5.5　本 章 小 结

本章主要研究了使用锑烯量子片作为界面修饰层与硫氰酸亚铜空穴提取层形成双层空穴提取层后对有机太阳能电池的性能优化及其影响机理，具体结果总结如下：

（1）将硫氰酸亚铜/锑烯量子片双层空穴提取层应用在了制备高效的 PTB7-Th：PC$_{71}$BM 富勒烯基有机太阳能电池。经过优化锑烯量子片的旋涂转速，得到了锑烯量子片的最优旋涂转速为 3000 r/min。基于硫氰酸亚铜/锑烯量子片双层空穴提取层的最优有机太阳能电池的主要光伏性能参数为：$V_{OC}$ 为 0.79 V、$J_{SC}$ 为 17.1 mA/cm² 、FF 为 65.2%、功率转换效率为 8.8%。与使用纯硫氰酸亚铜空穴提取层的标准器件相比，使用硫氰酸亚铜/锑烯量子片双层空穴提取层器件的功率转换效率提高了大约 12%。另外，将硫氰酸亚铜/锑烯量子片双层空穴提取层同样分别应用在了基于 PBDBT-2F:IT-4F 和 PTB7-Th:ITIC 两种不同非富勒烯材料的有机太阳能电池中。结果显示，与使用纯硫氰酸亚铜空穴提取层的标准器件相比，使用硫氰酸亚铜/锑烯量子片双层空穴提取层的两种非富勒烯基有机太阳能电池的功率转换效率分别提高了约 10% 和 5%。这证明锑烯量子片作为双功能层（界面修饰层和空穴提取层）对富勒烯基和非富勒烯基有机太阳能电池的改善作用具有一定的普适性。

（2）通过 AFM、$J_{ph}$-$V_{eff}$ 特征曲线、$P(E，T)$-$V_{eff}$ 特征曲线、PL 光谱、EIS 图谱等表征手段，具体探究了锑烯量子片修饰层的加入对 PTB7-Th:PC$_{71}$BM 基有机太阳能电池性能的影响机理。结果表明，锑烯量子片修饰层的应用有助于钝化硫氰酸亚铜的表面缺陷，从而减少在界面处载流子的复合损失和降低激子的猝灭效果，并提高有机太阳能电池的电荷传输性能和电荷提取效率，从而改善了有机太阳能电池的光伏性能。

（3）在未对器件封装处理的情况下，在同一种器件结构中对聚苯乙烯磺酸盐空穴提取层基、硫氰酸亚铜空穴提取层基和硫氰酸亚铜/锑烯量子片双层空穴提取层基有机太阳能电池进行了老化测试。结果表明，与聚苯乙烯磺酸盐空穴提取层基的有机太阳能电池相比，硫氰酸亚铜空穴提取层基和硫氰酸亚铜/锑烯量子片双层空穴提取层基的有机太阳能电池都表现出了出色的稳定性。硫氰酸亚铜/锑烯量子片双层空穴提取层的使用为获得高效的和稳定的富勒烯基或者非富勒烯基有机太阳能电池提供了一种新策略。

# 6 锑烯量子片对有机发光二极管空穴注入层能级调控的研究

有机发光二极管作为有机光电器件的另一重要分支，由于其自发光、宽视角、柔韧性、透明性等独特优势，在我们的生活中发挥着不可替代的作用[154-156]。而如何制备高效的有机发光二极管一直是近年来科研工作者关注的核心问题。在有机发光二极管中由于空穴注入层具有电荷注入、电荷传输和光提取的独特功能，所以高效的空穴注入层对有机发光二极管显得尤为重要。目前，科研工作者们已经成功地研发出了一系列的空穴注入材料，例如 $MoO_3$、$WO_3$、$NiO$、$V_2O_5$、铜酞菁（CuPc）和聚苯乙烯磺酸盐（PEDOT:PSS）等[51, 160-165]。在众多空穴注入材料中，PEDOT:PSS 由于其作为空穴注入层时表现出的透明性和易于大规模制备等优点使它成为目前应用最广泛的空穴传输材料之一。但是，PEDOT:PSS 相对较高的功函数会导致从阳极 ITO 到 PEDOT:PSS 层之间存在一个较大的空穴注入势垒，进而使得器件的启亮电压（$V_{on}$）过高。此外，为了制备高效的有机发光二极管还迫切需要进一步提高 PEDOT:PSS 的电荷传输能力。

近年来，一些材料被报道可以用来修饰有机光电器件中的界面层以达到钝化表面缺陷、抑制缺陷辅助复合损失或者调整其功函数的效果[124, 166-167, 251]。特别是具有单原子层或多原子层厚度的二维材料，由于其独特的电子和光学特性使得它们在有机光电设备中有着巨大的应用潜力。然而，如何将二维材料作为空穴注入层有效地应用在有机发光二极管中仍然面临着巨大的挑战。

第 4 章和第 5 章主要研究了锑烯量子片掺杂活性层或者作为界面修饰层对有机太阳能电池光伏性能的影响。结果表明，锑烯量子片掺杂活性层或作为界面修饰层对改善有机太阳能电池性能有着较突出的表现，特别是锑烯量子片表现出了良好的空穴传输能力。基于以上研究，本章主要介绍了一种利用锑烯量子片来调控 PEDOT:PSS 空穴注入层能级水平来改善有机发光二极管性能的方法。具体地说，就是将锑烯量子片掺杂在空穴注入材料 PEDOT:PSS 中，利用锑烯量子片来调控 PEDOT:PSS 的功函数并同时改善 PEDOT:PSS 的空穴注入能力来制备更为高效的有机发光二极管。

# 6.1　实　验　制　备

## 6.1.1　实验所需的药品与仪器

氧化铟锡导电玻璃（ITO，面电阻小于 10 Ω）购买自深圳南坡有限公司。N,N-二甲基甲酰胺（DMF，GC）购自阿拉丁。PEDOT:PSS 水溶液购买自 Heraeus Deutschland GmbH&Co. KG（AI 4083，PEDOT 功函数约为 5.2 eV，PEDOT 与 PSS 质量比为 1:6）。4,4′-双(咔唑-9-基)联苯（CBP）、三(2-苯基吡啶)合铱(Ⅲ)(Ir(PPy)₃)、1,3,5-三(1-苯基-1H-苯并咪唑-2-基)苯（TPBi）、4,4′-环己基二[N,N-二(4-甲基苯基)苯胺]（TAPC）和氟化锂（LiF）均为商业渠道购买。锑烯量子片按照第 2 章提供的方法自行合成。所有试剂药品直接使用，没有进一步提纯处理。

主要表征仪器：原子力显微镜（AFM，SPA-300HV，Japan）用于表征 ITO/PEDOT:PSS:锑烯量子片的表面形貌。拉曼光谱通过 Renishaw 拉曼显微镜系统在波长为 514 nm 的激光激发下测得。紫外光电子能谱仪（UPS）测试在 $2\times10^{-7}$ Pa 的超高真空系统中进行，该系统配备有电子能量分析仪（VG CLAM 4 MCD）和电子光谱仪（Sengyang SKL-12）。UPS 能谱测量是在 $-5.0$ eV 的偏压下使用 He Ⅰ 光源（21.22 eV）来实施完成的，使用 Probe 轮廓扫描仪（DektaXT，Bruker Nano，Inc.）测量膜的厚度，使用 X 射线光电子能谱（XPS，AXIS ULTRA DLD，English）分析了 ITO/PEDOT:PSS:锑烯量子片薄膜的元素含量及原子状态，使用双光束配置的紫外/可见分光（UV-vis）分光光度计（HITACHI U-3900）测试了材料的 UV-vis 吸收光谱。电流-电压-亮度（$J$-$V$-$L$）特征曲线和电致发光（EL）光谱通过计算机控制的集成 BM-7A 亮度计测试系统（购自 Fstar Scientific Instrument，China）的 Keithley 2400 source meter 进行测量。电流效率（CE）和功率效率（PE）由 $J$-$V$-$L$ 特征曲线计算得出。未封装的有机发光二极管的所有测试均在室温下空气环境中进行。

### 6.1.2  器件的制备

O 发光二极管在预先处理过的 ITO 玻璃基板上制备，其薄层电阻为 10 $\Omega/m^2$。O 发光二极管的有效面积为 3.0 mm×3.0 mm。器件结构为 ITO/PEDOT:PSS:锑烯量子片 $x\%$(体积分数)/TAPC(40 nm)/CBP:Ir(ppy)$_3$(30 nm)/TPBi(50 nm)/LiF(1 nm)/Al(120 nm)。具体制备步骤如下。

#### 6.1.2.1  ITO 玻璃预处理

使用前将 ITO 玻璃依次用洗涤剂、超纯水、丙酮和异丙醇各超声清洗 30 min，然后将 ITO 玻璃在烘箱中 60 ℃烘干一夜。ITO 玻璃使用前需经过 UV 臭氧处理 5 min。

#### 6.1.2.2  制备空穴注入层

首先将锑烯量子片分散在水中配置成浓度为 0.25 mg/mL 的混合溶液，然后将其与 PEDOT:PSS 溶液按体积比混合，如锑烯量子片的掺杂量（体积分数）为 0、5%、10% 和 15%。然后将配置好的 PEDOT:PSS:锑烯量子片溶液喷涂在预清洁过的 ITO 玻璃上。喷涂具体参数：喷嘴孔径为 0.15 mm，喷嘴距离基板的距离为 15 cm，喷嘴压力为 0.25 MPa，喷涂时间为 5 s。然后将喷涂完成的片子在真空干燥箱中 120 ℃热处理 30 min 以除去残留的水分。

剩下的其他功能层 TAPC(40 nm)、CBP:Ir(ppy)$_3$(30 nm)、TPBi(50 nm)、LiF(1 nm) 和 Al(120 nm) 皆在 $5\times10^{-4}$ Pa 的真空度下，通过热蒸发依次连续生长在空穴注入层层顶部。

## 6.2  锑烯量子片在有机发光二极管空穴注入层中的应用

首先，通过将锑烯量子片掺杂在 PEDOT:PSS 中制备了 PEDOT:PSS:锑烯量子片薄膜。接着将 PEDOT:PSS:锑烯量子片作为空穴注入层制备了基于 Ir(PPy)$_3$ 的绿色有机发光二极管，并以纯 PEDOT:PSS 作为空穴注入层的器件作为标准器件。图 6-1 描绘了 PEDOT:PSS:锑烯量子片基的有机发光二极管的器

件结构，器件的结构从下到上依次为 ITO/PEDOT:PSS:锑烯量子片/TAPC
(40 nm)/CBP:Ir(PPy)$_3$(30 nm)/TPBi(50 nm)/LiF(1 nm)/Al(120 nm)。其中，
ITO 和 Al 分别用作有机发光二极管的阳极和阴极，TAPC 充当有机发光二极管的
空穴传输层，CBP:Ir(PPy)$_3$ 用作有机发光二极管的发光层，TPBi 充当有机发
光二极管的电子传输层，LiF 用作有机发光二极管的电子注入层。PEDOT:PSS
和 PEDOT:PSS:锑烯量子片是通过喷涂技术在0.25 MPa 的压力下制备的（喷
嘴孔径为 0.15 mm，距离为 15 cm，时间为5 s）。

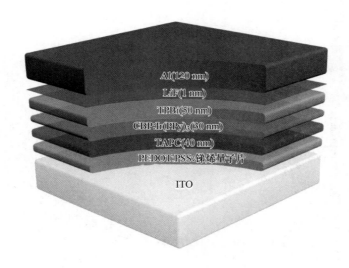

图6-1　PEDOT:PSS:锑烯量子片基的有机发光二极管的器件结构示意图

本节通过优化锑烯量子片在 PEDOT:PSS 中的掺杂比例来优化有机发光二
极管的性能。图 6-2 为具有不同体积分数比例的锑烯量子片的有机发光二极管
的性能特征曲线，详细的性能参数列于表 6-1。从图 6-2（a）的电流密度-电压-
亮度（$J$-$V$-$L$）特征曲线可以得出器件的 $V_{on}$、电流密度和亮度。结果显示，未
掺杂锑烯量子片的标准器件展现出了一个 3.3 V 的 $V_{on}$（亮度大于 1 cd/m$^2$ 时），
而对于 PEDOT:PSS:锑烯量子片基的有机发光二极管，器件获得了一个较低的
3.0 V 的 $V_{on}$，这可能是掺杂锑烯量子片后调整了 PEDOT:PSS 的功函数所导致
的。同时，在图 6-2（a）中可以清楚地观察到，与标准器件相比，相同电压下
PEDOT:PSS:锑烯量子片基的有机发光二极管的电流密度明显得到了改善。相

应地，掺杂锑烯量子片的器件的亮度也变得更强了。最终在掺杂量（体积分数）为10%时，器件获得了最佳的电流密度和亮度。掺杂（体积分数）10%锑烯量子片的器件的最大亮度值可以达到31170 cd/m²，明显高于标准器件的16110 cd/m²。随着锑烯量子片的掺杂比例（体积分数）增加到15%后，器件的最大亮度与掺杂体积分数为10%锑烯量子片的器件相比发生了明显的降低。这可能是过量的锑烯量子片引起缺陷增加，削弱了空穴注入层的空穴传输能力所致。此外，过量的锑烯量子片会导致光吸收的增强，这会减弱空穴注入层的光提取能力。

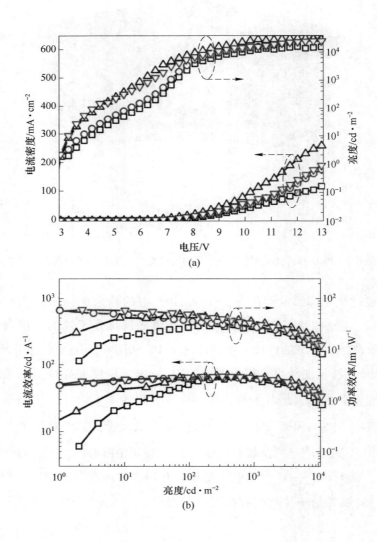

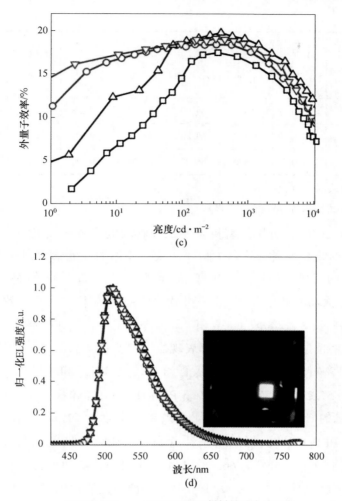

图 6-2  具有不同锑烯量子片掺杂比例的有机发光二极管的性能优化

（a）*J-V-L* 特征曲线；（b）CE-*L*-PE 特征曲线；（c）外量子效率-*L* 特征曲线；

（d）5 V 电压下有机发光二极管的归一化 EL 光谱

表 6-1  具有不同锑烯量子片掺杂比例的有机发光二极管的详细性能参数

| 不同器件（掺杂锑烯量子片的体积分数）/% | $V_{on}$[①] /V | $L_{max}$ /cd·m$^{-2}$ | CE$_{max}$ /cd·A$^{-1}$ | PE$_{max}$ /lm·W$^{-1}$ | 外量子效率$_{max}$ /% | 发射峰[②] /nm | CIE[②] |
|---|---|---|---|---|---|---|---|
| 0 | 3.3 | 16110 | 60.84 | 28.57 | 17.57 | 512 | （0.307，0.621） |

| 不同器件（掺杂锑烯量子片的体积分数）/% | $V_{on}$[①] /V | $L_{max}$ /cd·m⁻² | $CE_{max}$ /cd·A⁻¹ | $PE_{max}$ /lm·W⁻¹ | 外量子效率$_{max}$ /% | 发射峰[②] /nm | CIE[②] |
|---|---|---|---|---|---|---|---|
| 5 | 3.0 | 28500 | 64.20 | 57.27 | 18.53 | 512 | (0.306, 0.621) |
| 10 | 3.0 | 31170 | 69.88 | 48.28 | 19.91 | 516 | (0.317, 0.618) |
| 15 | 3.0 | 24890 | 66.98 | 59.25 | 19.24 | 516 | (0.309, 0.621) |

①$V_{on}$在亮度>1 cd/m² 的条件下取得。

②发射峰和 CIE 坐标在 5 V 电压下获得。

图 6-2（b）（c）分别为有机发光二极管的电流效率-亮度-功率效率（CE-L-PE）特征曲线和外量子效率-L 特征曲线，详细的性能参数列于表 6-1。结果显示，最优的标准器件展现出了优异的性能，如器件的最大电流效率（$CE_{max}$）、最大功率效率（$PE_{max}$）和最大外量子效率（外量子效率$_{max}$）分别达到了 60.84 cd/A、28.57 lm/W 和 17.57%。但是，与标准器件相比，所有掺杂锑烯量子片的有机发光二极管都表现出了更高的器件效率。PEDOT:PSS:锑烯量子片（5%）基的有机发光二极管的 $CE_{max}$、$PE_{max}$ 和外量子效率$_{max}$ 分别为 64.20 cd/A、57.27 lm/W 和 18.53%，PEDOT:PSS:锑烯量子片（10%）基的有机发光二极管的 $CE_{max}$、$PE_{max}$ 和外量子效率$_{max}$ 分别为 69.88 cd/A、48.28 lm/W 和 19.91%，PEDOT:PSS:锑烯量子片（15%）基的有机发光二极管的 $CE_{max}$、$PE_{max}$ 和外量子效率$_{max}$ 分别为 66.98 cd/A、59.25 lm/W 和 19.24%。即当锑烯量子片的掺杂浓度（体积分数）为 10% 时，器件的性能达到了最优。与最优标准器件相比，掺杂体积分数为 10% 锑烯量子片的最优有机发光二极管的 $CE_{max}$、$PE_{max}$ 和外量子效率$_{max}$ 分别提高了 14.86%、68.99% 和 13.32%。

同时从图 6-2（b）（c）中还可以观察到一个有趣的现象，即在低亮度区域掺杂体积分数为 10% 锑烯量子片的有机发光二极管的 CE、PE 和外量子效率并没有比掺杂体积分数为 5% 和 15% 锑烯量子片的有机发光二极管的参数值高，但在高亮度区域则相反。与其他器件相比，掺杂体积分数为 10% 锑烯量子片的器件的电流密度最大，这是其较强的空穴注入能力造成的。但是，在低亮度区域中（即外加偏压较低时），阴极较弱的电子注入能力无法与空穴注入量相匹配，从而导致空间电荷限制电流（SCLC）效应的产生，进而降低了器件性能[25, 252]。但随着亮度的增加（即外加电压的增加），阴极的电子注入能力得到了增强，从而电子的注入量达到了可以与空穴注入量保持平衡的水平，进而消除了器件中产生的 SCLC 效应，随之掺杂体积分数为 10% 锑烯量子片的器件的性能也达到了最佳状态。

图 6-2（d）为在 5 V 电压下掺杂不同比例（体积分数）锑烯量子片的所有器件的归一化电致发光（EL）光谱。显然，掺杂体积分数为 0、5%、10% 和 15% 的锑烯量子片的器件都可以发射出纯净的绿光，其发射峰的位置分别位于 512 nm、512 nm、516 nm 和 516 nm。这表明掺杂锑烯量子片只会轻微地影响器件的发射峰。图 6-2（d）中的插图为在 5 V 电压下掺杂体积分数为 10% 锑烯量子片的器件的电致发光光学图片，可以看到掺杂体积分数为 10% 锑烯量子片的器件发射出了纯净的绿光。而且，对于掺杂体积分数为 10% 锑烯量子片的器件的发射峰在不同电压（4~8 V）下几乎保持了 516 nm 的恒定值，这表明该器件具有良好的发光稳定性，如图 6-3 所示。

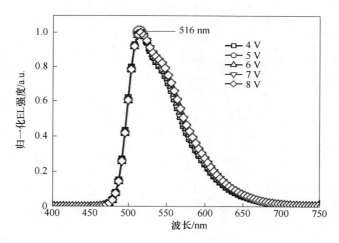

图 6-3　在 4 V、5 V、6 V、7 V 和 8 V 电压下掺杂体积分数为 10% 锑烯量子片的
有机发光二极管的归一化 EL 光谱

为了对比锑烯量子片掺杂 PEDOT:PSS 做空穴注入层给有机发光二极管带来的性能改善涨幅，本节总结了最近报道的用于改善有机发光二极管性能的一些其他空穴注入层材料，具体参数列在了表 6-2 中。从表 6-2 中可以观察到，与其他材料相比，锑烯量子片作为空穴注入层的掺杂材料在改善有机发光二极管性能方面表现出了明显的优势。例如使用 $MoS_2$ 掺杂 PEDOT:PSS 用于改善紫外线有机发光二极管的性能后，其 $PE_{max}$ 仅比其基于 PEDOT:PSS 标准的器件的 $PE_{max}$ 提高

了 43.8%[253]；而使用纯 $MoS_2$ 作为空穴注入层的 O 发光二极管器件的性能（如 $V_{on}$、$PE_{max}$ 和 $CE_{max}$ 等）与 PEDOT:PSS 基的标准器件的性能相比甚至没有得到改善[120]。而与使用类似材料做空穴注入层（如掺杂 $MoS_2$、$MoO_x$ 或 $WS_2$ 等材料的空穴注入层，或者纯 $TaS_2$ 和 $WS_2$ 材料作为空穴注入层）的器件相比，PEDOT:PSS:锑烯量子片（10%）充当空穴注入层的有机发光二极管的器件性能显示出了巨大优势。

**表 6-2 本章工作及文献中报道的具有类似器件结构的有机发光二极管的详细性能参数**

| 器件 | $V_{on}$[①] /V | $L_{max}$ /cd·m⁻² | $CE_{max}$ /cd·A⁻¹ | $PE_{max}$ /lm·W⁻¹ | 外量子效率[max] /% | 发光颜色 | 文献 |
|---|---|---|---|---|---|---|---|
| PEDOT:PSS:锑烯量子片（10%） | 3.0[①] 3.3[②] | 31170 | 69.88 | 48.28 | 19.91 | 绿色 | 本书 |
| $MoS_2$ UVO | 4.4[②] | 18900 | 12.01 | 3.43 | | 绿色 | [120] |
| $TaS_2$ UVO | 4.3[②] | 18400 | 12.66 | 4.77 | | 绿色 | [120] |
| UVO-$MoS_x$ nanodot | 4.0[②] | 23300 | 14.70 | 4.20 | | 绿色 | [254] |
| $WS_2$+UV-$O_3$ 5 min | 4.1[②] | 19000 | 10.82 | 5.92 | | 绿色 | [255] |
| $MoS_2$+PEDOT:PSS（2:1） | 2.1[①] | 24064 | 8.1 | 5.7 | | 蓝色 | [253] |
| PEDOT:PSS+20% $MoO_x$（质量分数） | | | | | 4.37 | 蓝色 | [256] |
| PEDOT:PSS/$MoO_x$ | | | | | 4.6 | 蓝色 | [257] |

①启亮电压在亮度大于 1 cd/m² 的条件下取得

②启亮电压在亮度大于 10 cd/m² 的条件下取得。

# 6.3 锑烯量子片对有机发光二极管性能影响的作用机制

## 6.3.1 锑烯量子片对空穴注入层 PEDOT:PSS 能级的影响

首先，本节通过 XPS 分析了 ITO/PEDOT:PSS:锑烯量子片（10%）薄膜的化

学元素组成成分（见图 6-4）。图 6-4（a）为 ITO/PEDOT：PSS：锑烯量子片
（10%）薄膜的宽扫 XPS 能谱图。宽扫 XPS 能谱图的结果显示，ITO/PEDOT：
PSS：锑烯量子片（10%）薄膜的主要组成元素有 S、C、N、In、Sn、O 和 Sb。其
中 S 和 O 元素主要来自 PEDOT：PSS，In 和 Sn 元素来自 ITO，N 和 Sb 元素来自锑
烯量子片，这就证明锑烯量子片已成功掺杂到了 PEDOT：PSS 薄膜中。图 6-4
（b）为 ITO/PEDOT：PSS：锑烯量子片（10%）薄膜对 Sb 元素的高分辨率 XPS 能
谱图。高分辨率 XPS 能谱图结果表明薄膜中的 Sb 元素主要存在 Sb-O 和 Sb 3d 两
种状态，这是由于锑烯量子片在热处理时被轻微氧化所致。

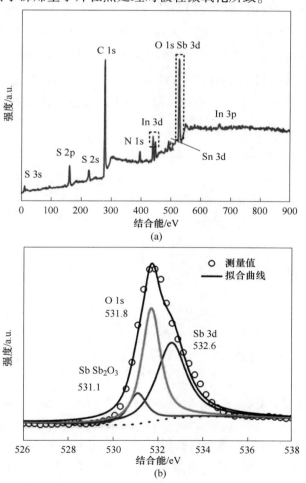

图 6-4　PEDOT：PSS：锑烯量子片（10%）空穴注入层的宽扫 XPS 能谱图（a）和
对 Sb 元素的高分辨 XPS 能谱图（b）

前面提到，掺杂锑烯量子片的有机发光二极管获得了一个更低的 3.0 V 的 $V_{on}$，可能与锑烯量子片掺杂 PEDOT:PSS 改变 PEDOT:PSS 的功函数有关。为了求证此观点，本节通过 UPS 在 ITO 基板上测量了锑烯量子片薄膜和 PEDOT:PSS:锑烯量子片薄膜的功函数。得到 UPS 的光谱后，薄膜的功函数可以通过光子能量和二次电子截止边缘的结合能之差来确定。如图 6-5 所示，锑烯量子片薄膜的功函数为 -4.4 eV，而 PEDOT:PSS 掺杂锑烯量子片后，PEDOT:PSS 薄膜的功函数从 -5.2 eV 降低到了 -4.9 eV（PEDOT:PSS:锑烯量子片薄膜）。这里 PEDOT:PSS:锑烯量子片薄膜功函数降低的主要原因是掺杂锑烯量子片可以有效地调节 PEDOT:PSS 的电子结构，随之 PEDOT:PSS 的功函数发生了改变。当锑烯量子片掺杂 PEDOT:PSS 薄膜后，ITO 阳极与 PEDOT:PSS:锑烯量子片空穴注入层之间的势垒差值被降到了仅为 0.1 eV，势垒的减小将有利于空穴的注入。而掺杂锑烯量子片之前 ITO 阳极到 PEDOT:PSS:锑烯量子片空穴注入层之间的势垒差足有 0.4 eV。这表明在 PEDOT:PSS 中掺杂锑烯量子片可以有效地调节 PEDOT:PSS 的功函数。

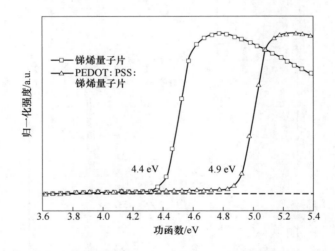

图 6-5 锑烯量子片薄膜和 PEDOT:PSS:锑烯量子片薄膜的 UPS（He I）能谱图

图 6-6 为有机发光二极管中所有材料的能级结构水平图。从图 6-6 中可以直观地观察到，锑烯量子片的掺杂有效地减小了 ITO 阳极到空穴注入层的空穴注入势垒，这将使得空穴的注入变得更加容易，以致有机发光二极管的 $V_{on}$ 得到降低并改善了器件的综合性能。

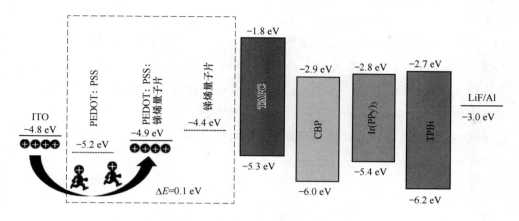

图 6-6 有机发光二极管的能级水平图

## 6.3.2 锑烯量子片对器件光提取性能的影响

当器件有机层发光后，器件必须将发射的光有效地提取出来才能完成发光，所以器件对光的提取能力对于有机发光二极管的综合性能提升也显得至关重要。为了研究锑烯量子片掺杂 PEDOT:PSS 后锑烯量子片给空穴注入层带来的对光提取性能方面的影响，本节利用双光束配置的 UV-vis 分光光度计测量了在 PEDOT:PSS 中掺杂不同体积分数的锑烯量子片（0、5%、10%和15%）后 PEDOT:PSS:锑烯量子片空穴注入层的 UV-vis 吸收光谱。

图 6-7 为不同薄膜的 UV-vis 吸收光谱。其中，图 6-7 中水:锑烯量子片（10%）薄膜的制备过程为：将预先配置好的浓度为 0.25 mg/mL 的锑烯量子片水溶液用纯水稀释至原溶液浓度的 10 倍，然后以和制备 PEDOT:PSS:锑烯量子片（10%）空穴注入层一样的喷涂工艺将稀释后的混合溶液喷涂于 ITO 玻璃基板上制备得到水:锑烯量子片（10%）薄膜。水:锑烯量子片（10%）薄膜制备是为了将 PEDOT:PSS:锑烯量子片（10%）空穴注入层中的 PEDOT:PSS 溶液用纯水替代以观察锑烯量子片对光提取的影响。

如图 6-7 所示，水:锑烯量子片（10%）薄膜显示出了微弱的宽谱吸收特性，这与锑烯量子片的吸光光谱相吻合。但与纯 PEDOT:PSS 空穴注入层相比，PEDOT:PSS:锑烯量子片（10%）空穴注入层的吸光度却明显地发生了下降，也就是说 PEDOT:PSS:锑烯量子片（10%）空穴注入层对光的提取能力增强了。而造成 PEDOT:PSS:锑烯量子片（10%）空穴注入层吸光度下降的原因可以归结于以下两点：（1）在 PEDOT：PSS 中掺杂锑烯量子片后形成了更为密集的凹凸结构，而阵列凹凸结构有利于光的提取[258-259]；（2）可能是因为锑烯量子片的掺杂降低了 PEDOT：PSS 的溶液浓度，导致了空穴注入层的厚度降低，从而增强了空穴注入层对光的提取能力。随着锑烯量子片掺杂体积分数的增加，由于锑烯量子片对光的广谱吸收特性使得 PEDOT：PSS：锑烯量子片（15%）空穴注入层的吸光度得到了增强，进而器件对光的提取能力有所下降。

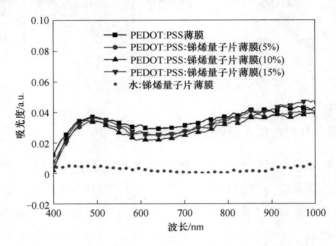

图 6-7　不同薄膜的 UV-vis 吸光光谱图

为了验证上述假设，本节通过原子力显微镜研究了不同掺杂锑烯量子片体积分数的 ITO/PEDOT：PSS：锑烯量子片薄膜的表面形貌。图 6-8 为 ITO/PEDOT：PSS 薄膜、ITO/PEDOT：PSS：锑烯量子片（10%）薄膜和 ITO/PEDOT：PSS（15%）薄膜的 AFM 图。结果显示，ITO/PEDOT：PSS、ITO/PEDOT：PSS：锑烯量子片（10%）和 ITO/PEDOT：PSS（15%）薄膜的表面均方根（RMS）粗糙度依次分别为 2.62 nm、2.18 nm 和 2.87 nm（见图 6-8（a）~（c））。与 ITO/PEDOT：PSS 薄膜相比，ITO/PEDOT：PSS：锑烯量子片（10%）薄膜的 RMS 粗糙度有仅有略微的降低。另外，从其相应的 3D AFM 图像（见图 6-8（d）~（f））中可以观察到，喷涂制备的薄膜并没有形成很好的连续的薄膜，而是形成了很多小的突起结构，这表明在被测薄膜上形成了凹凸结构。与 ITO/PEDOT：PSS 薄膜相比，ITO/PEDOT：PSS：锑烯量子片（10%）薄膜形成的突起密度更高，而且突起高度更低。这表明，ITO/PEDOT：PSS：锑烯量子片（10%）薄膜形成了周期更为密集的凹凸结构，这将有利于对光的提取[258-259]。此外，ITO/PEDOT:PSS:锑烯量子片（10%）薄膜更加密集地突起会增加空穴注入层与空穴传输层的接触面积，这将有助于增强器件的空穴注入能力。另外，ITO/PEDOT:PSS:锑烯量子片（10%）薄膜的突起高度变低也确实证实了掺杂锑烯量子片会降低空穴注入层的厚度，从而改善空穴注入层对光的提取能力。随着锑烯量子片的掺杂体积分数增大到15%后，薄膜突起的直径高度变大，并且突起密度变小（小于锑烯量子片掺杂体积分数为10%的薄膜的密度）。这些变化将会降低空穴注入层对光的提取能力和减少空穴注入层与空穴传输层之间的接触面积。同时，由于PEDOT:PSS中存在过多的锑烯量子片，这将会导致缺陷增加产生更多的电荷陷阱，不利于光的提取和空穴的注入。

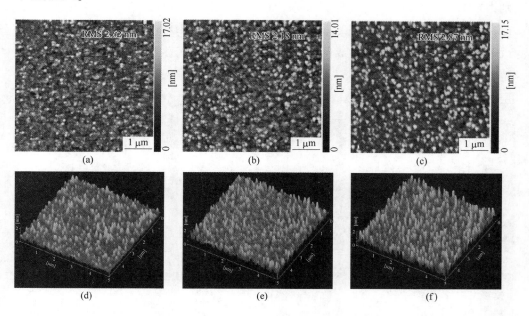

图6-8　掺杂体积分数为0（a）、10%（b）、15%（c）锑烯量子片的ITO/PEDOT:PSS:
锑烯量子片空穴注入层的2D AFM图像（5.0 μm× 5.0 μm）和掺杂体积分数为
0（d）、10%（e）、15%（f）锑烯量子片的ITO/PEDOT:PSS:
锑烯量子片空穴注入层的3D AFM图像

从图6-8的研究结果来看，空穴注入层没有形成平坦的薄膜而是形成了很多小凸起，而且锑烯量子片的掺杂还减小了空穴注入层的厚度。这些结果都会对器件的性能造成影响。其中空穴注入层形成的小凸起结构使得本章制备的空穴注入层不能直接与有机活性层接触。这是因为有机活性层的厚度仅 30 nm，如果空穴注入层与活性层直接接触可能会导致器件短路，影响器件的综合性能。为了消除这一影响，本节选择了在空穴注入层的顶部多加一层空穴传输层 TAPC 来修饰空穴注入层和活性层的界面。随后本节通过 AFM 表征手段研究了空穴注入层 TAPC 对空穴注入层形貌的影响，如图 6-9 所示。

图 6-9（a）~（c）分别为 ITO/PEDOT:PSS/TAPC 薄膜、ITO/PEDOT:PSS:锑烯量子片（10%）/TAPC 薄膜和 ITO/PEDOT:PSS（15%）/TAPC 薄膜的 2D AFM 图。结果显示，ITO/PEDOT:PSS/TAPC 薄膜、ITO/PEDOT:PSS:锑烯量子片（10%）/TAPC 薄膜和 ITO/PEDOT:PSS（15%）/TAPC 薄膜的 RMS 粗糙度依次分别为 5.18 nm、5.67 nm 和 5.67 nm。即空穴传输层 TAPC 的加入没有对薄膜的 RMS 粗糙度造成明显的改变。但是从其对应薄膜的 3D AFM 图来看（见图 6-9（d）~（f）），空穴注入层形成的明显凸起都消失了，产生了类似的小鼓包形貌。也就是说，可以通过在空穴注入层的顶部沉积空穴传输层 TAPC 来改善空穴注入层与活性层之间的界面接触情况。

图 6-9　掺杂体积分数为 0（a）、10%（b）、15%（c）锑烯量子片的 ITO/PEDOT:PSS:
锑烯量子片/TAPC 薄膜的 2D AFM 图像（5.0 μm×5.0 μm）和掺杂体积分数为
0（d）、10%（e）、15%（f）锑烯量子片的 ITO/PEDOT:PSS:
锑烯量子片/TAPC 薄膜的 3D AFM 图像

### 6.3.3 锑烯量子片对器件空穴注入性能的影响

在 PEDOT:PSS 中掺杂锑烯量子片会略微降低空穴注入层的厚度这一事实对器件空穴注入能力的影响，以及掺杂锑烯量子片后锑烯量子片自身对器件空穴注入能力的影响还不清楚。为了研究这一问题，本节制备了单空穴器件。如图 6-10（a）所示，单空穴器件的结构为 ITO/PEDOT:PSS:锑烯量子片/TAPC(80 nm)/Al(120 nm)。图 6-10（b）为单空穴器件的 $J$-$V$ 特征曲线。与 PEDOT:PSS 基的单空穴器件相比，在相同驱动电压下所有掺杂锑烯量子片基的单空穴器件的电流密度明显更高。并且随着 PEDOT:PSS 中锑烯量子片的掺杂体积分数的增加，器件的电流密度会先增大后减小。其中掺杂体积分数为 10%锑烯量子片的单空穴器件在相同驱动电压下显示出最高的电流密度，这与前面提到的锑烯量子片基的绿色有机发光二极管的电流密度变化结果一致。这些结果表明，掺杂锑烯量子片略微降低空穴注入层的厚度这一情况并不会减弱器件的空穴注入能力。相反，相比于其他器件，由于锑烯量子片的存在，当锑烯量子片的掺杂体积分数为 10%时，器件会得到最强的空穴注入能力。即掺杂锑烯量子片会改善 PEDOT:PSS 层的空穴注入能力和传输能力。

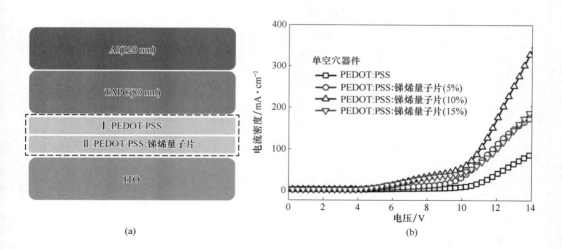

图 6-10 单空穴的器件性能表征

（a）单空穴器件的器件结构；（b）$J$-$V$ 特征曲线

# 6.4 本章小结

本章主要研究了锑烯量子片掺杂 PEDOT:PSS 后对改善 Ir(PPy)$_3$ 基有机发光二极管性能的影响，并同时探究了锑烯量子片对有机发光二极管性能的影响机理。具体结果总结如下：

（1）将锑烯量子片掺杂到 PEDOT:PSS 中，形成 PEDOT:PSS:锑烯量子片混合溶液，并通过喷涂技术将其制备为薄膜充当有机发光二极管的空穴注入层和光提取层，通过优化锑烯量子片的掺杂比率优化了基于 Ir(PPy)$_3$ 的绿色有机发光二极管的性能。最优 PEDOT:PSS:锑烯量子片（10%）基有机发光二极管的 $CE_{max}$、$PE_{max}$ 和外量子效率$_{max}$分别可高达 69.88 cd/A、48.28 lm/W 和 19.91%。与标准器件相比，PEDOT:PSS:锑烯量子片（10%）基有机发光二极管的 $CE_{max}$、$PE_{max}$ 和外量子效率$_{max}$分别提高了 14.86%、68.99% 和 13.32%。

（2）通过 UPS、UV-vis 吸光光谱、AFM 和单空穴器件等测试手段，探究了锑烯量子片对有机发光二极管性能影响的机理。结果表明，锑烯量子片的掺杂可以有效地将 PEDOT:PSS 功函数从−5.2 eV 调整到−4.9 eV，即降低了 ITO 阳极到空穴注入层的空穴注入势垒，使得 PEDOT:PSS:锑烯量子片基有机发光二极管获得了一个更低的 $V_{on}$（3.0 eV）。锑烯量子片的掺杂可以有效地改善 PEDOT:PSS 层对光的抽取效率，而且锑烯量子片的掺杂增加了空穴注入层层与空穴传输层的接触面积。另外，锑烯量子片的掺杂还有助于提高器件的空穴注入能力与传输能力。

# 7 锑烯量子片的光限幅性能研究

光限幅材料是非线性光学材料中的一个重要分支，它可应用于激光束整形和激光防护[185-188]。光限幅现象的主要表现为：当入射光能量较低时，材料会有一个较高的线性透射率，随着入射光能量增加，材料的透射率随之线性增加。但是，当光强超过一定值后，材料会表现出非线性光学吸收特性，即透射率急剧下降并达到限制强光通过的效应，这种效应可以用来保护探测器或者眼睛不被强光损坏。

值得注意的是，由于二维材料特殊的电子结构，越来越多的科研工作者开始关注到了二维材料的非线性光学特性[38, 196-197]。最近报道显示锑烯也表现了优异的非线性光学特性[210-212]，如 Zhang 等[210]在可见光范围内研究了少层锑烯纳米片和锑量子点的非线性光学响应，结果表明锑烯具有约为 $10^{-5}$ $cm^2/W$ 的非线性折射率，同时多层锑烯纳米片还表现出了非线性饱和吸收特性[212]。但目前为止，很少有报道研究锑烯的光限幅特性。

前几章的研究结果表明锑烯量子片具有优异的光电性能，但是对于锑烯量子片的光限幅特性还不甚了解。基于以上调研，本章主要利用开孔 $Z$-扫描技术分别研究锑烯量子片在可见光和近红外光区域内的光限幅特性。

## 7.1 实 验 制 备

### 7.1.1 锑烯量子片薄膜的制备

首先，取适量的锑烯量子片粉体材料分散于氯苯中，将其透射率调节至75%；随后，取适量的聚甲基丙烯酸甲酯（PMMA）置于 15 mL 的透射率为 75%的锑烯量子片的氯苯溶液中分散均匀。其中，PMMA 的浓度为 0.05 g/mL；最后，将混合溶液全部置于直径为 9 cm 的清洗干净的玻璃培养皿中，在真空干燥箱中，60 ℃烘干成膜。

### 7.1.2　实验所需的药品与仪器

N,N-二甲基甲酰胺（DMF，GC）和纯度为 99.9% 的氯苯购自阿拉丁。平均分子质量为 996000 的 PMMA 购买自 Sigma-Aldrich。超纯水产自 Thermo scientific（USA）仪器，规格为 18.2 MΩ·cm，锑烯量子片按照第 3 章提供的方法自行合成。所有试剂直接使用，均未做进一步纯化处理。

主要表征仪器：使用紫外-可见（UV-vis）分光光度计（HITACHI U-3900）测试了材料的 UV-vis 吸光光谱，利用开孔 Z-扫描技术研究了锑烯量子片在波长为 532 nm 和 1064 nm 的激光激发下的非线性光学吸收特性。简要地说，使用一个 Q 开关的 Nd：YAG 激光器（Continuum, Model Surelite SL-I-10）发出 4 ns（FWHM）、频率为 10 Hz 的、波长分别为 532 nm 和 1064 nm 的脉冲激光作为光源。使用两个相应的热电探测器（Laser Probe，RJ-735；带有 RJ7620 双通道功率计）来测量激光穿过样品后透射率的变化。测量时，将样品放置在厚度为 2 mm 的石英池中。

## 7.2　锑烯量子片的非线性光学性能

为了研究锑烯量子片的非线性光学性能，本节首先表征了它在溶液中的分散性及其紫外-可见（UV-vis）吸光光谱。图 7-1（a）为锑烯量子片分散在水和 DMF 中的光学照片，从图中可以看到锑烯量子片在这两种溶剂中均具有出色的分散性，这对非线性光学的测试至关重要。图 7-1（b）为锑烯量子片分散在纯水和 DMF 溶剂中的紫外-可见（UV-vis）吸光光谱。结果显示，锑烯量子片在可见光区域和近红外区域有一个较宽的吸光光谱。这表示锑烯量子片可能对可见光区域和近红外区域的光都有光限幅响应。

通过文献已报道的方法，利用经典的开孔 Z-扫描测量方法研究了锑烯量子片的非线性光学吸收特性[195, 260]。本节选择了可见光区域（波长为 532 nm）和近红外光区域（1064 nm）两种波长的激光对样品进行开孔 Z-扫描测量。首先，将所有样品在波长为 532 nm 和 1064 nm 处的线性透射率分别调节至 75% 和 85%。测试中用到的脉冲激光的发射频率为 10 Hz，脉冲宽度为 4 ns（FWHM）。脉冲激光在 532 nm 处的输入能量分别为 4.3 μJ、15 μJ 和 42 μJ，在 1064 nm 处的输入能量分别为 44 μJ、150 μJ 和 220 μJ。在测量中，Z-扫描归一化透射率为 1.0 时，

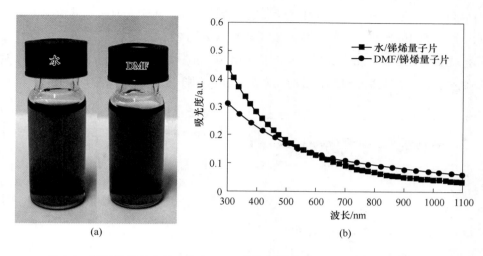

图 7-1 锑烯量子片分散在水和 DMF 中的光学照片（a）和锑烯量子片分散
在水和 DMF 中的紫外-可见吸光光谱（b）

表明材料没有非线性吸收行为。当 $Z$-扫描归一化透射率高于 1.0 时，则表示该样品有非线性饱和吸收特性。当样品则表现出非线性反饱和吸收特性（光限幅效应）。

图 7-2 为锑烯量子片分散在水中的开孔 $Z$-扫描数据。图 7-2（a）为样品在脉冲激光波长为 532 nm 时，在不同输入能量的激光下测得的开孔 $Z$-扫描曲线。结果表明，在输入脉冲激光能量较低（4.3 μJ）时，锑烯量子片在水溶液中仅表现出了很弱的非线性光学饱和吸收特性，即低入射能量时样品具有良好的透光性。但是，当脉冲激光的输入能量增大到 15 μJ 时，锑烯量子片表现出了较强的非线性光学反饱和吸收特性。随着脉冲激光的入射能量继续增加到 42 μJ，样品的透射率发生了明显的下降，即发生了明显的非线性反饱和吸收现象。这表明水溶液中锑烯量子片在波长为 532 nm、输入能量为 42 μJ 的脉冲激光作用下表现出了强的光限幅效应。光限幅的阈值（$F_{on}$）是判断样品光限幅效应强弱的一个重要指标，其定义为样品透射率开始下降至其原始值的 95% 时脉冲激光输入的能量密度[196]。样品的 $F_{on}$ 可以从样品的归一化透射率对激光输入通量关系中提取得到。图 7-2（b）为在输入脉冲激光波长为 532 nm、输入能量为 42 μJ 时，锑烯量子片在水溶液中的归一化透射率与激光输入通量的关系曲线，得到样品的 $F_{on}$ 为 0.48 J/cm²。

图 7-2（c）为样品在脉冲激光波长为 1064 nm 时，在不同输入能量的激光下测得的开孔 $Z$-扫描曲线。结果显示，在输入脉冲激光能量为 44 μJ 时，锑烯量子片在

水溶液中表现出了很弱的非线性光学反饱和吸收特性，在低入射能量的情况下也表现出了很高的透光性。当输入脉冲激光能量增大到 220 μJ 时，样品表现出良好的光限幅效应。图 7-2（d）为样品在波长为 1064 nm、输入脉冲激光能量为 220 μJ 时的归一化透射率与激光输入通量的关系曲线，得到样品的 $F_{on}$ 为 1.04 J/cm$^2$。

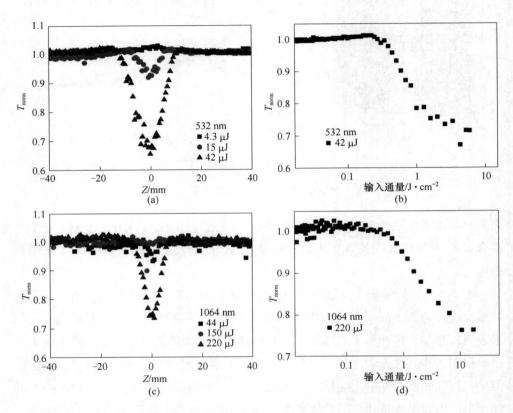

图 7-2   在波长为 532 nm（a）和在 1064 nm（c）激光激发下锑烯量子片分散在纯水中的
开孔 Z-扫描曲线；（b）和（d）分别对应于（a）在 42 μJ 和（c）在 220 μJ 时
透射率与输入通量的曲线

由于在不同介质中样品的非线性光学特性也会有所不同，所以本节在常用有机溶剂 DMF 中研究了锑烯量子片的非线性光学特性。测试前同样将在波长为 532 nm 和 1064 nm 处的线性透射率分别调节到了 75% 和 85%。图 7-3 为锑烯量子片分散在 DMF 中的开孔 Z-扫描数据。图 7-3（a）为样品分散于 DMF 中，脉冲激光波长为 532 nm 时，在不同输入能量的激光下测得的开孔 Z-扫描曲线。结果表明，当脉冲激光的输入能量为 4.3 μJ 和 15 μJ 时，锑烯量子片在 DMF 溶剂中都仅表现出了很弱的非线性光学饱和吸收特性，即当入射激光能量较低时样品具有良好的透光性，但当入射能量增加到 42 μJ 时，样品出现了剧烈的非线性反饱和吸收特性。在脉冲激光输入能量为 42 μJ 时，从其对应的归一化透射率与激光输入通量的关系曲线可以得到样品的 $F_{on}$ 为 0.11 J/cm² ，如图 7-3 （b）所示。

图 7-3 （c）为样品分散于 DMF 中，当脉冲激光波长为 1064 nm 时，在不同输入能量的激光下测得的开孔 $Z$-扫描曲线。在脉冲激光波长为 1064 nm 时，锑烯量子片分散在 DMF 中也表现出了与在波长为 532 nm 激光下样品类似的非线性光学吸收特性变化趋势。即在低入射能量时，样品表现为微弱的非线性光学饱和吸收特性；但是，当脉冲激光的入射能量增加到 220 μJ 时，样品表现出了较强的光限幅效应。而且锑烯量子片分散在 DMF 溶剂时，在脉冲激光的波长为 1064 nm、能量为 220 μJ 时的 $F_{on}$ 为 1.13 J/cm² ，如图 7-3 （d）所示。

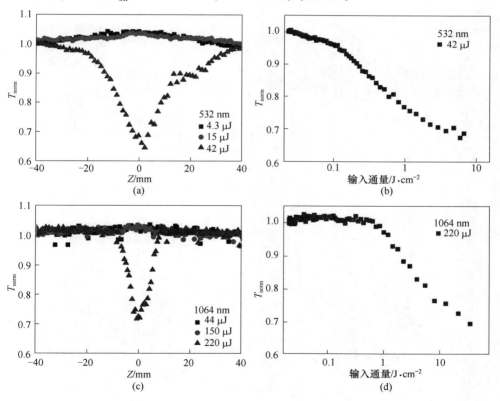

图 7-3 在波长为 532 nm （a）和在 1064 nm （c）激光激发下锑烯量子片分散在 DMF 溶剂中的开孔 $Z$-扫描曲线；（b）和（d）分别对应于（a）在 42 μJ 和（c）在 220 μJ 时透射率与输入通量的曲线

综上所述，锑烯量子片分散在纯水中和有机溶剂 DMF 中，在波长为 532 nm 和 1064 nm 处均显示出了强光限幅性能，也就是说，锑烯量子片是一种很有潜力的光限幅材料。图 7-4（a）为锑烯量子片薄膜的光限幅效应的机理图，锑烯量子片薄膜可以充当一个光限幅器件应用在激光防护中，防止一些光学元件或者人的眼睛受到强激光的损坏。而应用在光学器件中往往要求锑烯量子片薄膜在可见光区域具有较好透过性。图 7-4（b）（c）分别为纯玻璃基底和锑烯量子片薄膜在玻璃基底上的光学图片，可以看到锑烯量子片薄膜表现出了几乎和纯玻璃基底一样的透光性。另外，在本节的研究中，锑烯量子片基系统材料光限幅效应的机理被认为是非线性散射和自由载流子吸收相结合的结果[190, 261-263]。锑烯量子片在不同介质中的强光限幅性能使它在开发广谱光限幅设备方面表现出巨大的潜力。

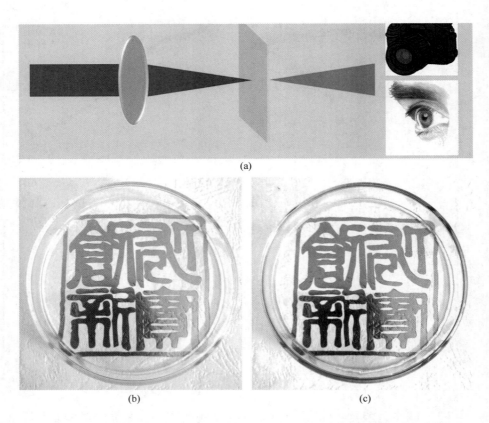

(a)

(b)                                (c)

图 7-4　锑烯量子片薄膜的光限幅机理图（a）、纯玻璃基底的光学图片（b）和
锑烯量子片薄膜在玻璃基底上的光学图片（c）

# 7.3 本章小结

本章通过开孔 $Z$-扫描技术研究了锑烯量子片的光限幅特性。结果表明，锑烯量子片分散在纯水中和有机溶剂 DMF 中都显示出了强的从可见光区域到近红外光区域的光限幅响应，而且锑烯量子片表现出了比较低的 $F_{on}$。其中，当脉冲激光波长为 532 nm、入射能量为 4.4 μJ 时，锑烯量子片分散在纯水和 DMF 溶剂中的 $F_{on}$ 分别为 0.48 J/cm$^2$ 和 0.11 J/cm$^2$；当脉冲激光波长为 1064 nm、入射能量为 220 μJ 时，锑烯量子片分散在纯水和 DMF 溶剂中的 $F_{on}$ 值分别为 1.04 J/cm$^2$ 和 1.13 J/cm$^2$。以上研究表明，锑烯量子片在非线性光学器件中具有较大的应用潜力。

# 参 考 文 献

［1］ 黄维，密保秀，高志强. 有机电子学 ［M］. 北京：科学出版社，2011.

［2］ Shirakawa H, Louis E J, MacDiarmid A G, et al. Synthesis of electrically conducting organic polymers：Halogen derivatives of polyacetylene，（CH）$_x$ ［J］. J. Chem. Soc., Chem. Commun., 1977, 16：578-580.

［3］ Prince M B. Silicon Solar Energy Converters ［J］. J. Appl. Phys., 1955, 26（5）：534-540.

［4］ Carlson D E, Wronski C R. Amorphous Silicon Solar Cell ［J］. Appl. Phys. Lett., 1976, 28（11）：671-673.

［5］ Zhao J, Wang A, Green M A. 24.5% Efficiency Silicon PERT Cells on MCZ Substrates and 24.7% Efficiency PERL Cells on FZ Substrates ［J］. Prog. Photovolt：Res. Appl., 1999, 7（6）：471-474.

［6］ Green M A. The Path to 25% Silicon Solar Cell Efficiency：History of Silicon Cell Evolution ［J］. Prog. Photovolt：Res. Appl., 2009, 17（3）：183-189.

［7］ Liu M, Johnston M B, Snaith H J. Efficient Planar Heterojunction Perovskite Solar Cells by Vapour Deposition ［J］. Nature, 2013, 501（7467）：395-398.

［8］ Mei A, Li X, Liu L, et al. A hole-conductor-free, fully printable mesoscopic perovskite solar cell with high stability ［J］. Science, 2014, 345（6194）：295-298.

［9］ Park N G. Perovskite solar cells：An emerging photovoltaic technology ［J］. Mater. Today, 2015, 18（2）：65-72.

［10］ Kim M, Kim G H, Lee T K, et al. Methylammonium Chloride Induces Intermediate Phase Stabilization for Efficient Perovskite Solar Cells ［J］. Joule, 2019, 3（9）：2179-2192.

［11］ Aernouts T, Vanlaeke P, Geens W, et al. Printable anodes for flexible organic solar cell modules ［J］. Thin Solid Films, 2004, 451-452：22-25.

［12］ Cheng Y J, Yang S H, Hsu C S. Synthesis of conjugated polymers for organic solar cell applications ［J］. Chem. Rev., 2009, 109（11）：5868-5923.

［13］ Liu J, Chen S, Qian D, et al. Fast Charge Separation in a Non-Fullerene Organic Solar Cell with a Small Driving Force ［J］. Nat. Energy, 2016, 1（7）：1-7.

［14］ Yuan J, Zhang Y, Zhou L, et al. Single-Junction Organic Solar Cell with over 15% Efficiency Using Fused-Ring Acceptor with Electron-Deficient Core ［J］. Joule, 2019, 3（4）：1140-1151.

［15］ NREL. NREL Best Research-Cell Efficiencies ［EB/OL］.（2024-02-02）［2024-04-15］.

https：//www. nrel. gov/pv/cell-efficiency. html.

［16］ Liang Z, Zhang Y, Xu H, et al. Homogenizing Out-of-Plane Cation Composition in Perovskite Solar Cells ［J］. Nature, 2023, 624 (7992)：557-563.

［17］ Li G, Zhu R, Yang Y. Polymer Solar Cells ［J］. Nat. Photonics, 2012, 6 (3)：153-161.

［18］ Kettle J, Bristow N, Sweet T K N, et al. Three Dimensional Corrugated Organic Photovoltaics for Building Integration；Improving the Efficiency, Oblique Angle and Diffuse Performance of Solar Cells ［J］. Energ. Environ. Sci., 2015, 8 (11)：3266-3273.

［19］ Zhu L, Zhang M, Xu J, et al. Single-junction organic solar cells with over 19% efficiency enabled by a refined double-fibril network morphology ［J］. Nat. Mater., 2022, 21 (6)：656.

［20］ Zheng Z, Wang J, Bi P, et al. Tandem organic solar cell with 20. 2% efficiency ［J］. Joule, 2022, 6 (1)：171-184.

［21］ Peumans P, Yakimov A, Forrest S R. Small molecular weight organic thin-film photodetectors and solar cells ［J］. J. Appl. Phys., 2003, 93 (7)：3693-3723.

［22］ Rand B P, Peumans P, Forrest S R. Long-range absorption enhancement in organic tandem thin-film solar cells containing silver nanoclusters ［J］. J. Appl. Phys., 2004, 96 (12)：7519-7526.

［23］ Sundar V C. Elastomeric transistor stamps：reversible probing of charge transport in organic crystals ［J］. Science, 2004, 303 (5664)：1644-1646.

［24］ Anthopoulos T D, Singh B, Marjanovic N, et al. High performance n-channel organic field-effect transistors and ring oscillators based on $C_{60}$ fullerene films ［J］. Appl. Phys. Lett., 2006, 89 (21)：213504.

［25］ Wang Z, Hao Y, Wang W, et al. Incorporating silver-$SiO_2$ core-shell nanocubes for simultaneous broadband absorption and charge collection enhancements in organic solar cells ［J］. Synth. Met., 2016, 220：612-620.

［26］ McCulloch I, Heeney M, Bailey C, et al. Liquid-Crystalline Semiconducting Polymers with High Charge-Carrier Mobility ［J］. Nat. mater., 2006, 5 (4)：328-333.

［27］ Long G, Wu B, Solanki A, et al. New insights into the correlation between morphology, excited state dynamics, and device performance of small molecule organic solar cells ［J］. Adv. Energy Mater., 2016, 6 (22)：1600961.

［28］ Wang Y, Wu B, Wu Z, et al. Origin of efficient inverted nonfullerene organic solar cells：enhancement of charge extraction and suppression of bimolecular recombination enabled by augmented internal electric field ［J］. J. Phys. Chem. Lett., 2017, 8 (21)：5264-5271.

［29］ Hou J, Inganas O, Friend R H, et al. Organic solar cells based on non-fullerene acceptors ［J］.

Nat. Mater., 2018, 17 (2): 119-128.

［30］ Nian L, Zhang W, Zhu N, et al. Photoconductive cathode interlayer for highly efficient inverted polymer solar cells ［J］. J. Am. Chem. Soc., 2015, 137 (22): 6995-6998.

［31］ Chen J D, Li Y Q, Zhu J, et al. Polymer solar cells with 90% external quantum efficiency featuring an ideal light- and charge-manipulation layer ［J］. Adv. Mater., 2018, 30 (13): e1706083.

［32］ Akamatu H, Inokuchi H, Matsunaga Y. Electrical conductivity of the perylene-bromine complex ［J］. Nature, 1954, 173 (4395): 168-169.

［33］ Kearns D, Calvin M. Photovoltaic effect and photoconductivity in laminated organic systems ［J］. J. Chem. Phys., 1958, 29 (4): 950-951.

［34］ Tang C W. Two-layer organic photovoltaic cell ［J］. Appl. Phys. Lett., 1986, 48 (2): 183-185.

［35］ Sariciftci N S, Smilowitz L, Heeger A J, et al. Photoinduced electron transfer from a conducting polymer to buckminsterfullerene ［J］. Science, 1992, 258 (5087): 1474-1476.

［36］ Yu G, Gao J, Hummelen J C, et al. Polymer photovoltaic cells: enhanced efficiencies via a network of internal donor-acceptor heterojunctions ［J］. Science, 1995, 270 (5243): 1789-1791.

［37］ Brabec C J, Shaheen S E, Winder C, et al. Effect of LiF/metal electrodes on the performance of plastic solar cells ［J］. Appl. Phys. Lett., 2002, 80 (7) 1228-1290.

［38］ Novoselov K S, Geim A K, Morozov S V, et al. Firsov, Electric field effect in atomically thin carbon films ［J］. Science, 2004, 306 (5696): 666-669.

［39］ Kim J Y, Lee K, Coates N E, et al. Efficient tandem polymer solar cells fabricated by all-solution processing ［J］. Science, 2007, 317 (5835): 222-225.

［40］ Liu Q, Jiang Y, Jin K, et al. 18% Efficiency Organic Solar Cells ［J］. Sci. Bull., 2020, 65 (4): 272-275.

［41］ Qin J, Zhang L, Zuo C, et al. A chlorinated copolymer donor demonstrates a 18.13% power conversion efficiency ［J］. J. Semicond., 2021, 42 (1): 10501.

［42］ Jin K, Xiao Z, Ding L. D18, an eximious solar polymer! ［J］. J. Semicond., 2021, 42 (1): 10502.

［43］ Jin K, Xiao Z, Ding L M. 18.69% PCE from Organic Solar Cells ［J］. J. Semicond., 2021, 42 (6): 60502.

［44］ Cheng P, Wang J Y, Zhan X W, et al. Constructing High-Performance Organic Photovoltaics via Emerging Non-Fullerene Acceptors and Tandem-Junction Structure [J]. Adv. Energy Mater., 2020, 10 (21): 2000746.

[45] Tang C W, VanSlyke S A. Organic electroluminescent diodes [J]. Appl. Phys. Lett., 1987, 51 (12): 913-915.

[46] Nunzi J M. Organic photovoltaic materials and devices [J]. C. R. Phys., 2002, 3 (4): 523-542.

[47] Hoppe H, Sariciftci N S. Organic solar cells: An overview [J]. J. Mater. Res., 2011, 19 (7): 1924-1945.

[48] Brabec C J, Zerza G, Cerullo G, et al. Tracing photoinduced electron transfer process in conjugated polymer/fullerene bulk heterojunctions in real time [J]. Chem. Phys. Lett., 2001, 340 (3/4): 232-236.

[49] Gunes S, Neugebauer H, Sariciftci N S. Conjugated polymer-based organic solar cells [J]. Chem. Rev., 2007, 107 (4): 1324-1338.

[50] Koster L J A, Smits E C P, Mihailetchi V D, et al. Device model for the operation of polymer/ fullerene bulk heterojunction solar cells [J]. Phys. Rev. B, 2005, 72 (8): 85205.

[51] Li J, Yahiro M, Ishida K, et al. Enhanced performance of organic light emitting device by insertion of conducting/insulating $WO_3$ anodic buffer layer [J]. Synth. Met., 2005, 151 (2): 141-146.

[52] Wan X, Long G, Huang H, et al. Graphene-a promising material for organic photovoltaic cells [J]. Adv. Mater., 2011, 23 (45): 5342-5358.

[53] Das S, Pandey D, Thomas J, et al. The role of graphene and other 2D materials in solar photovoltaics [J]. Adv. Mater., 2018, 31: 1802722.

[54] Chang H, Wang G, Yang A, et al. A transparent, flexible, low-temperature, and solution-processible graphene composite electrode [J]. Adv. Funct. Mater., 2010, 20 (17): 2893-2902.

[55] Wu J, Agrawal M, Becerril H A, et al. Organic light-emitting diodes on solution-processed graphene transparent electrodes [J]. ACS nano, 2010, 4 (1): 43-48.

[56] D'Andrade B W, Forrest S R. White organic light-emitting devices for solid-state lighting [J]. Adv. Mater., 2004, 16 (18): 1585-1595.

[57] Naka S, Shinno K, Okada K, et al. Organic electroluminescent devices using a mixed single layer [J]. Jpn. J. Appl. Phys., 1994, 33 (12B): L1772-L1774.

[58] Kido J, Kimura M, Nagai K. Multilayer white light-emitting organic electroluminescent device [J]. Science, 1995, 267 (5202): 1332-1334.

[59] Yasuhiko S, Hiroshi K. Charge carrier transporting molecular materials and their applications in

devices ［J］. Chem. Rev., 2007, 107: 953-1010.

［60］ Mi B X, Gao Z Q, Cheah K W, et al. Organic light-emitting diodes using 3,6-difluoro-2,5,7, 7,8,8-hexacyanoquinodimethane as p-type dopant ［J］. Appl. Phys. Lett., 2009, 94 (7): 73507.

［61］ Wang Z, Gao L, Wei X, et al. Energy Level Engineering of PEDOT: PSS by Antimonene Quantum Sheet Doping for Highly Efficient OLEDs ［J］. J. Mater. Chem. C, 2020, 8 (5): 1796-1802.

［62］ Mi B X, Gao Z Q, Lee C S, et al. Reduction of molecular aggregation and its application to the high-performance blue perylene-doped organic electroluminescent device ［J］. Appl. Phys. Lett., 1999, 75: 4055-4057.

［63］ Geim A K, Novoselov K S. The Rise of Graphene ［J］. Nat. mater., 2007, 6 (3): 183.

［64］ Nair R R, Blake P, Grigorenko A N, et al. Fine structure constant defines visual transparency of graphene ［J］. Science, 2008, 320 (5881): 1308.

［65］ Lee C, Wei X, Kysar J W, et al. Measurement of the elastic properties and intrinsic strength of monolayer graphene ［J］. Science, 2008, 321 (5887): 385-388.

［66］ Balandin A A, Ghosh S, Bao W, et al. Superior thermal conductivity of single-layer graphene ［J］. Nano Lett., 2008, 8 (3): 902-907.

［67］ Zhang Y, Tan Y W, Stormer H L, et al. Experimental observation of the quantum Hall effect and Berry's phase in graphene ［J］. Nature, 2005, 438 (7065): 201-204.

［68］ Stoller M D, Park S, Zhu Y, et al. Graphene-Based Ultracapacitors ［J］. Nano Lett., 2008, 8 (10): 3498-3502.

［69］ Lin Y M, Dimitrakopoulos C, Jenkins K A, et al. 100-GHz transistors from wafer-scale epitaxial graphene ［J］. Science, 2010, 327 (5966): 662.

［70］ Liu M, Yin X, Ulin-Avila E, et al. A graphene-based broadband optical modulator ［J］. Nature, 2011, 474 (7349): 64-67.

［71］ Kim K S, Zhao Y, Jang H, et al. Large-scale pattern growth of graphene films for stretchable transparent electrodes ［J］. Nature, 2009, 457 (7230): 706-710.

［72］ Zhu Y, Murali Y, Stoller M D, et al. Carbon-based supercapacitors produced by activation of graphene ［J］. Science, 2011, 332 (6037): 1537-1541.

［73］ Deng M, Yang X, Silke M, et al. Electrochemical deposition of polypyrrole/graphene oxide composite on microelectrodes towards tuning the electrochemical properties of neural probes ［J］. Sensor. Actuat. B-Chem., 2011, 158 (1): 176-184.

［74］ Xu M, Fujita D, Hanagata H. Perspectives and challenges of emerging single-molecule DNA sequencing technologies ［J］. Small, 2009, 5 (23): 2638-2649.

［75］ Rummeli M H, Rocha C G, Ortmann F, et al. Graphene: Piecing it together ［J］. Adv. Mater.,

2011, 23 (39): 4471-4490.

[76] Li X, Tao L, Chen Z, et al. Graphene and related two-dimensional materials: Structure-property relationships for electronics and optoelectronics [J]. Appl. Phys. Rev., 2017, 4 (2): 021306.

[77] Xu M, Liang T, Shi M, et al. Graphene-like two-dimensional materials [J]. Chem. Rev., 2013, 113 (5): 3766-3798.

[78] Tan C, Cao X, Wu X J, et al. Recent advances in ultrathin two-dimensional nanomaterials [J]. Chem. Rev., 2017, 117 (9): 6225-6331.

[79] Gibaja C, Rodriguez-San-Miguel D, Ares P, et al. Few-layer antimonene by liquid-phase exfoliation [J]. Angew. Chem. Int. Ed., 2016, 55 (46): 14345-14349.

[80] Ji J, Song X, Liu J, et al. Two-Dimensional Antimonene Single Crystals Grown by Van Der Waals Epitaxy [J]. Nat. Commun., 2016, 7 (1): 13352.

[81] Zhang H. Ultrathin Two-Dimensional Nanomaterials [J]. ACS Nano, 2015, 9 (10): 9451-9469.

[82] Jin H, Guo C, Liu X, et al. Emerging two-dimensional nanomaterials for electrocatalysis [J]. Chem. Rev., 2018.

[83] Huang Z Y, Liu H T, Hu R, et al. Structures, properties and application of 2D monoelemental materials (Xenes) as graphene analogues under defect engineering [J]. Nano Today, 2020, 35: 100906.

[84] Nakayama K, Kuno M, Yamauchi K, et al. Band splitting and Weyl nodes in trigonal tellurium studied by angle-resolved photoemission spectroscopy and density functional theory [J]. Physical Review B, 2017, 95 (12): 125204.

[85] Chhowalla M, Shin H S, Eda G, et al. The chemistry of two-dimensional layered transition metal dichalcogenide nanosheets [J]. Nat. Chem., 2013, 5 (4): 263-275.

[86] Radisavljevic B, Radenovic A, Brivio J, et al. Single-layer $MoS_2$ transistors [J]. Nat. Nanotechnol., 2011, 6 (3): 147-150.

[87] Brent J R, Lewis D J, Lorenz L, et al. Tin (II) sulfide (SnS) nanosheets by liquid-phase exfoliation of herzenbergite: IV-VI main group two-dimensional atomic crystals [J]. J. Am. Chem. Soc., 2015, 137 (39): 12689-12696.

[88] Naguib M, Kurtoglu M, Presser V, et al. Two-dimensional nanocrystals produced by exfoliation of $Ti_3AlC_2$ [J]. Adv. Mater., 2011, 23 (37): 4248-4253.

[89] Yu J, Li J, Zhang W, et al. Synthesis of high quality two-dimensional materials via chemical vapor deposition [J]. Chem. Sci., 2015, 6 (12): 6705-6716.

[90] Li X, Cai W, An J, et al. Large-area synthesis of high-quality and uniform graphene films on copper foils [J]. Science, 2009, 324 (5932): 1312-1314.

［91］ Song L, Ci L, Lu H, et al. Large scale growth and characterization of atomic hexagonal boron nitride layers ［J］. Nano Lett., 2010, 10 (8): 3209-3215.

［92］ Tao L, Chen K, Chen Z, et al. Centimeter-scale CVD growth of highly crystalline single-layer MoS$_2$ film with spatial homogeneity and the visualization of grain boundaries ［J］. ACS Appl. Mater. Interface, 2017, 9 (13): 12073-12081.

［93］ Elias A L, Perea-Lopez N, Castro-Beltran A, et al. Controlled synthesis and transfer of large-area WS$_2$ sheets: from single layer to few layers ［J］. ACS Nano, 2013, 7 (6): 5235-5242.

［94］ Huang J K, Pu J, Hsu C L, et al. Large-area synthesis of highly crystalline WSe$_2$ monolayers and device applications ［J］. ACS Nano, 2014, 8 (1): 923-930.

［95］ Zhou L, Xu K, Zubair A, et al. Large-area synthesis of high-quality uniform few-layer MoTe$_2$ ［J］. J. Am. Chem. Soc., 2015, 137 (37): 11892-11895.

［96］ Hafeez M, Gan L, Li H, et al. Large-area bilayer ReS$_2$ film/multilayer ReS$_2$ flakes synthesized by chemical vapor deposition for high performance photodetectors ［J］. Adv. Funct. Mater., 2016, 26 (25): 4551-4560.

［97］ Li Q, Zhao Z, Yan B, et al. Nickelocene-precursor-facilitated fast growth of graphene/h-BN vertical heterostructures and Its applications in OLEDs ［J］. Adv. Mater., 2017, 29 (32): 1701325.

［98］ Wu X, Shao Y, Liu H, et al. Epitaxial growth and air-stability of monolayer antimonene on PdTe$_2$ ［J］. Adv. Mater., 2017, 29 (11): 1605407.

［99］ Han J H, Lee S, Cheon J. Synthesis and structural transformations of colloidal 2D layered metal chalcogenide nanocrystals ［J］. Chem. Soc. Rev., 2013, 42 (7): 2581-2591.

［100］ Tan C, Zhang H. Wet-chemical synthesis and applications of non-layer structured two-dimensional nanomaterials ［J］. Nat. Commun., 2015, 6: 7873.

［101］ Ciesielski A, Samorì P. Grapheneviasonication assisted liquid-phase exfoliation ［J］. Chem. Soc. Rev., 2014, 43 (1): 381-398.

［102］ Hernandez Y, Nicolosi V, Lotya M, et al. High-yield production of graphene by liquid-phase exfoliation of graphite ［J］. Nat. Nanotechnol., 2008, 3 (9): 563-568.

［103］ Zeng Z, Yin Z, Huang X, et al. Single-layer semiconducting nanosheets: high-yield preparation and device fabrication ［J］. Angew. Chem. Int. Ed., 2011, 50 (47): 11093-11097.

［104］ Zheng J, Zhang H, Dong S, et al. High yield exfoliation of two-dimensional chalcogenides using sodium naphthalenide ［J］. Nat. Commun., 2014, 5: 2995.

［105］ Li X, Yang T, Yang Y, et al. Large-area ultrathin graphene films by single-step marangoni self-assembly for highly sensitive strain sensing application ［J］. Adv. Funct. Mater., 2016, 26 (9): 1322-1329.

［106］ Tung V C, Allen M J, Yang Y, et al. High-throughput solution processing of large-scale graphene [J]. Nat. Nanotechnol., 2009, 4 (1): 25-29.

[107] Voiry D, Yang J, Kupferberg J, et al. High-quality graphene via microwave reduction of solution-exfoliated graphene oxide [J]. Science, 2016, 353 (6306): 1413-1416.

[108] Marcano D C, Kosynkin D V, Berlin J M, et al. Improved synthesis of graphene oxide [J]. ACS Nano, 2010, 4 (8): 4806-4814.

[109] Liu N, Luo F, Wu H, et al. One-step ionic-liquid-assisted electrochemical synthesis of ionic-liquid-functionalized graphene sheets directly from graphite [J]. Adv. Funct. Mater., 2008, 18 (10): 1518-1525.

[110] Zhang W, Wang Y, Zhang D, et al. A one-step approach to the large-scale synthesis of functionalized MoS₂ nanosheets by ionic liquid assisted grinding [J]. Nanoscale, 2015, 7 (22): 10210-10217.

[111] Zhao W, Xue Z, Wang J, et al. Highly Efficient, and Green Liquid-Exfoliation of Black Phosphorus in Ionic Liquids [J]. ACS Appl. Mater. Interface, 2015, 7 (50): 27608-27612.

[112] Chaban V V, Fileti E E, Prezhdo O V. Imidazolium Ionic Liquid Mediates Black Phosphorus Exfoliation While Preventing Phosphorene Decomposition [J]. ACS Nano, 2017, 11 (6): 6459-6466.

[113] Geim A K. Graphene: status and prospects [J]. Science, 2009, 324 (5934): 1530-1534.

[114] Wang J, Ma F, Sun M. Graphene, hexagonal boron nitride, and their heterostructures: properties and applications [J]. RSC Adv., 2017, 7 (27): 16801-16822.

[115] Liu Z, Li J, Yan F. Package-free flexible organic solar cells with graphene top electrodes [J]. Adv. Mater., 2013, 25 (31): 4296-4301.

[116] Wang Q H, Kalantar-Zadeh K, Kis A, et al. Electronics and optoelectronics of two-dimensional transition metal dichalcogenides [J]. Nat. Nanotechnol., 2012, 7 (11): 699-712.

[117] Sundaram R S, Engel M, Lombardo A, et al. Electroluminescence in single layer MoS₂ [J]. Nano Lett., 2013, 13 (4): 1416-1421.

[118] Britnell L, Ribeiro R M, Eckmann A, et al. Strong light-matter interactions in heterostructures of atomically thin films [J]. Science, 2013, 340 (6138): 1311-1314.

[119] Le Q V, Nguyen T P, Choi K S, et al. Dual use of tantalum disulfides as hole and electron extraction layers in organic photovoltaic cells [J]. Phys. Chem. Chem. Phys., 2014, 16 (46): 25468-25472.

[120] Kim C, Nguyen T P, Le Q V, et al. Performances of Liquid-Exfoliated Transition Metal Dichalcogenides as Hole Injection Layers in Organic Light-Emitting Diodes [J]. Adv. Funct. Mater., 2015, 25 (28): 4512-4519.

[121] Li L, Yu Y, Ye G J, et al. Black phosphorus field-effect transistors [J]. Nat. Nanotechnol.,

2014, 9 (5): 372-377.

[122] Liu Z, Lau S P, Yan F. Functionalized Graphene and Other Two-Dimensional Materials for Photovoltaic Devices: Device Design and Processing [J]. Chem. Soc. Rev., 2015, 44 (15): 5638-5679.

[123] Liu S, Lin S, You P, et al. Black Phosphorus Quantum Dots Used for Boosting Light Harvesting in Organic Photovoltaics [J]. Angew. Chem. In. t Ed., 2017, 56 (44): 13717-13721.

[124] Lin S, Liu S, Yang Z, et al. Solution-Processable Ultrathin Black Phosphorus as an Effective Electron Transport Layer in Organic Photovoltaics [J]. Adv. Funct. Mater., 2016, 26 (6): 864-871.

[125] Bai L, Sun L, Wang Y, et al. Solution-processed black phosphorus/PCBM hybrid heterojunctions for solar cells [J]. J. Mater. Chem. A, 2017, 5 (18): 8280-8286.

[126] Island J O, Steele G A, van der Zant H S J. A. Castellanos-Gomez, Environmental instability of few-layer black phosphorus [J]. 2D Mater., 2015, 2 (1): 011002.

[127] Huang Y, Qiao J, He K, et al. Interaction of Black Phosphorus with Oxygen and Water [J]. Chem. Mater., 2016, 28 (22): 8330-8339.

[128] Ares P, Aguilar-Galindo F, Rodriguez-San-Miguel D, et al. Mechanical Isolation of Highly Stable Antimonene under Ambient Conditions [J]. Adv. Mater., 2016, 28 (30): 6332-6336.

[129] Zhang S, Yan Z, Li Y, et al. Atomically Thin Arsenene and Antimonene: Semimetal-Semiconductor and Indirect-Direct Band-gap Transitions [J]. Angew. Chem. Int. Ed., 2015, 54 (10): 3112-3115.

[130] Zhang S, Xie M, Li F, et al. Semiconducting Group 15 Monolayers: A Broad Range of Band Gaps and High Carrier Mobilities [J]. Angew. Chem. Int. Ed., 2016, 55 (5): 1666-1669.

[131] Wang Y, Ding Y. The electronic structures of group-V-group-IV hetero-bilayer structures: a first-principles study [J]. Phys. Chem. Chem. Phys., 2015, 17 (41): 27769-27776.

[132] Castellanos-Gomez A. Why all the fuss about 2D semiconductors? [J]. Nat. Photonics, 2016, 10 (4): 202-204.

[133] Li X, Choy W C, Huo L, et al. Dual plasmonic nanostructures for high performance inverted organic solar cells [J]. Adv. Mater., 2012, 24 (22): 3046-3052.

[134] Liu Q, Liu Z, Zhang X, et al. Organic photovoltaic cells based on an acceptor of soluble graphene [J]. Appl. Phys. Lett., 2008, 92 (22): 223303.

[135] Gupta V, Chaudhary N, Srivastava R, et al. Luminscent graphene quantum dots for organic photovoltaic devices [J]. J. Am. Chem. Soc., 2011, 133 (26): 9960-9963.

[136] Zhang R, Zhao M, Wang Z, et al. Solution-processable ZnO/carbon quantum dots electron

extraction layer for highly efficient polymer solar cells [J]. ACS Appl. Mater. Interface, 2018.

[137] Han C, Zhang Y, Gao P, et al. High-yield production of $MoS_2$ and $WS_2$ quantum sheets from their bulk materials [J]. Nano Lett., 2017, 17: 7767-7772.

[138] Zhu C, Huang Y, Xu F, et al. Defect-laden $MoSe_2$ quantum dots made by turbulent shear mixing as enhanced electrocatalysts [J]. Small, 2017, 13 (27): 1700565.

[139] Kakavelakis G, Del Rio Castillo A E, Pellegrini V, et al. Size-tuning of $WSe_2$ flakes for high efficiency inverted organic solar cells [J]. ACS Nano, 2017, 11 (4): 3517-3531.

[140] Lin Y, Adilbekova B, Firdaus Y, et al. 17% efficient organic solar cells based on liquid exfoliated $WS_2$ as a replacement for PEDOT:PSS [J]. Adv. Mater., 2019, 31 (46): e1902965.

[141] Singh E, Kim K S, Yeom G Y, et al. Atomically thin-layered molybdenum disulfide ($MoS_2$) for bulk-heterojunction solar cells [J]. ACS Appl. Mater. Interfaces, 2017, 9 (4): 3223-3245.

[142] Ares P, Palacios J J, Abellan G, et al. Recent Progress on Antimonene: A New Bidimensional Material [J]. Adv. Mater., 2018, 30 (2): 1703771.

[143] Bati A S R, Batmunkh M, Shapter J G. Emerging 2D Layered Materials for Perovskite Solar Cells [J]. Adv. Energy Mater., 2020, 10 (13): 1902253.

[144] Fu N Q, Huang C, Lin P, et al. Black Phosphorus Quantum Dots as Dual-Functional Electron-Selective Materials for Efficient Plastic Perovskite Solar Cells [J]. J. Mater. Chem. A, 2018, 6 (19): 8886-8894.

[145] Yang R, Fan Y, Zhang Y, et al. 2D Transition Metal Dichalcogenides for Photocatalysis [J]. Angew. Chem. Int. Ed., 2023, e202218016.

[146] Lloret V, Rivero-Crespo M A, Vidal-Moya J W, et al. Few Layer 2D Pnictogens Catalyze the Alkylation of Soft Nucleophiles with Esters [J]. Nat. Commun., 2019, 10 (1): 509.

[147] Zhang L, Gong T, Yu Z Q, et al. Recent Advances in Hybridization, Doping, and Functionalization of 2D Xenes [J]. Adv. Funct. Mater., 2021, 31 (1): 2005471.

[148] Niu T, Meng Q, Zhou D, et al. Large-Scale Synthesis of Strain-Tunable Semiconducting Antimonene on Copper Oxide [J]. Adv. Mater., 2020, 32 (4): e1906873.

[149] Hai T, Xie G, Ma J, et al. Pushing Optical Switch into Deep Mid-Infrared Region: Band Theory, Characterization, and Performance of Topological Semimetal Antimonene [J]. ACS nano, 2021, 15 (4): 7430-7438.

[150] Wang X, He J, Zhou B, et al. Bandgap-Tunable Preparation of Smooth and Large Two-Dimensional Antimonene [J]. Angew. Chem. Int. Ed. Engl., 2018, 57 (28): 8668-8673.

[151] Pizzi G, Gibertini M, Dib E, et al. Performance of Arsenene and Antimonene Double-Gate MOSFETs from First Principles [J]. Nat. Commun., 2016, 7 (1): 12585.

［152］ Wu Y, Xu K, Ma C, et al. Ultrahigh Carrier Mobilities and High Thermoelectric Performance at Roomtemperature Optimized by Strain-Engineering to Two-Dimensional Aw-Antimonene ［J］. Nano Energy, 2019, 63: 103870.

［153］ Zhang F, He J, Xiang Y, et al. Semimetal-Semiconductor Transitions for Monolayer Antimonene Nanosheets and Their Application in Perovskite Solar Cells ［J］. Adv. Mater., 2018, 30 (38): e1803244.

［154］ Hamers R J. Flexible electronic futures ［J］. Nature, 2001, 412 (6846): 489-490.

［155］ Burroughes J H, Bradley D D C, Brown A R, et al. Light-emitting diodes based on conjugated polymers ［J］. Nature, 1990, 347 (6293): 539-541.

［156］ Wang H, Xie L, Peng Q, et al. Novel thermally activated delayed fluorescence materials-thioxanthone derivatives and their applications for highly efficient OLEDs ［J］. Adv. Mater., 2014, 26 (30): 5198-5204.

［157］ Miao Y, Wang K, Zhao B, et al. High-efficiency/CRI/color stability warm white organic light-emitting diodes by incorporating ultrathin phosphorescence layers in a blue fluorescence layer ［J］. Nanophotonics, 2018, 7 (1): 295-304.

［158］ Ahmed E, Earmme T, Jenekhe S A. New solution-processable electron transport materials for highly efficient blue phosphorescent OLEDs ［J］. Adv. Funct. Mater., 2011, 21 (20): 3889-3899.

［159］ Tao P, Miao Y, Wang H, et al. High-performance organic electroluminescence: Design from organic light-emitting materials to devices ［J］. Chem. Rec., 2019, 19 (8): 1531-1561.

［160］ Ma H, Yip H L, Huang F, et al. Interface engineering for organic electronics ［J］. Adv. Funct. Mater., 2010, 20 (9): 1371-1388.

［161］ Wang F, Qiao X, Xiong T, et al. The role of molybdenum oxide as anode interfacial modification in the improvement of efficiency and stability in organic light-emitting diodes ［J］. Org. Electron., 2008, 9 (6): 985-993.

［162］ Manders J R, Tsang S W, Hartel M J, et al. Solution-processed nickel oxide hole transport layers in high efficiency polymer photovoltaic cells ［J］. Adv. Funct. Mater., 2013, 23 (23): 2993-3001.

［163］ Shrotriya V, Li G, Yao Y, et al. Transition metal oxides as the buffer layer for polymer photovoltaic cells ［J］. Appl. Phys. Lett., 2006, 88 (7): 073508.

［164］ Fenenko L, Adachi C. Influence of heat treatment on indium-tin-oxide anodes and copper phthalocyanine hole injection layers in organic light-emitting diodes ［J］. Thin Solid Films, 2007, 515 (11): 4812-4818.

［165］ Huang J, Miller P F, Wilson J S, et al. Investigation of the effects of doping and postdeposition treatments on the conductivity, morphology, and work function of poly (3, 4-ethylenedioxythiophene)/poly (styrene sulfonate) films [J]. Adv. Funct. Mater., 2005, 15 (2): 290-296.

[166] Choi G J, Van Le Q, Choi K S, et al. Polarized light-emitting diodes based on patterned $MoS_2$ nanosheet hole transport layer [J]. Adv. Mater., 2017, 29 (36): 1702598.

[167] Morales-Masis M, De Wolf S, Woods-Robinson R, et al. Transparent electrodes for efficient optoelectronics [J]. Adv. Electron. Mater., 2017, 3 (5): 1600529.

[168] Han T H, Lee Y, Choi M R, et al. Extremely efficient flexible organic light-emitting diodes with modified graphene anode [J]. Nat. Photonics, 2012, 6 (2): 105-110.

[169] Liu L, Shang W, Han C, et al. Two-in-one method for graphene transfer: simplified fabrication process for organic light-emitting diodes [J]. ACS Appl. Mater. Interface, 2018, 10 (8): 7289-7295.

[170] Moon J, Cho H, Maeng M J, et al. Mechanistic understanding of improved performance of graphene cathode inverted organic light-emitting diodes by photoemission and impedance spectroscopy [J]. ACS Appl. Mater. Interface, 2018, 10 (31): 26456-26464.

[171] Chen Y, Zhang N, Li Y F, et al. Microscale-patterned graphene electrodes for organic light-emitting devices by a simple patterning strategy, Adv. Opt. Mater., 2018, 6 (13): 1701348.

[172] Park I J, Kim T I, Yoon T, et al. Flexible and Transparent Graphene Electrode Architecture with Selective Defect Decoration for Organic Light-Emitting Diodes [J]. Adv. Funct. Mater., 2018, 28 (10): 1704435.

[173] Shi S, Sadhu V, Moubah R, et al. Solution-processable graphene oxide as an efficient hole injection layer for high luminance organic light-emitting diodes [J]. J. Mater. Chem. C, 2013, 1 (9): 1708.

[174] Chen W, Li K, Wang Y, et al. Black phosphorus quantum dots for hole extraction of typical planar hybrid perovskite solar cells [J]. J. Phys. Chem. Lett., 2017, 8 (3): 591-598.

[175] Garmire E. Nonlinear optics in daily life [J]. Opt. Express, 2013, 21 (25): 30532-30544.

[176] Muhammad S, Xu H L, Zhong R L, et al. Quantum chemical design of nonlinear optical materials by $sp^2$-hybridized carbon nanomaterials: issues and opportunities [J]. J. Mater. Chem. C, 2013, 1 (35): 5439.

[177] Adair R, Chase L L, Payne S A. Nonlinear refractive-index measurements of glasses using three-wave frequency mixing [J]. J. Opt. Soc. Am. B, 1987, 4 (6): 875.

[178] Smith P W, Tomlinson W J, Eilenberger D J, et al. Measurement of electronic optical Kerr coefficients [J]. Opt. Lett., 1981, 6 (12): 581-583.

[179] Buchalter B, Meredith G R. Third-order optical susceptibility of glasses determined by third

harmonic generation [J]. Appl. Opt., 1982, 21 (17): 3221-3224.

[180] Olbright G R, Peyghambarian N. Interferometric measurement of the nonlinear index of refraction, $n_2$, of $CdS_xSe_{1-x}$-doped glasses [J]. Appl. Phys. Lett., 1986, 48 (18): 1184-1186.

[181] Williams W E, Soileau M J, Van Stryland E W. Optical switching and $n_2$ measurements in $CS_2$ [J]. Opt. Commun., 1984, 50 (4): 256-260.

[182] Maker P D, Terhune R W, Savage C M. Intensity-dependent changes in the refractive index of liquids [J]. Phys. Rev. Lett., 1964, 12 (18): 507-509.

[183] Sheik-Bahae M, Said A A, Van Stryland E W. High-sensitivity, single-beam $n_2$ measurements [J]. Opt. Lett., 1989, 14 (17): 955-957.

[184] Sheik-Bahae M, Said A A, Wei T H, et al. Sensitive measurement of optical nonlinearities using a single beam [J]. IEEE J. Quantum Electron., 1990, 26 (4): 760-769.

[185] Balapanuru J, Yang J X, Xiao S, et al. A graphene oxide-organic dye ionic complex with DNA-sensing and optical-limiting properties [J]. Angew. Chem. Int. Ed., 2010, 49 (37): 6549-6553.

[186] Zhou G J, Wong W Y. Organometallic acetylides of Pt (II), Au (I) and Hg (II) as new generation optical power limiting materials [J]. Chem. Soc. Rev., 2011, 40 (5): 2541-2566.

[187] Lim G K, Chen Z L, Clark J, et al. Giant broadband nonlinear optical absorption response in dispersed graphene single sheets [J]. Nat. Photonics, 2011, 5 (9): 554-560.

[188] Perry J W, Mansour K, Lee I Y S, et al. Organic optical limiter with a strong nonlinear absorptive response [J]. Science, 1996, 273 (5281): 1533-1536.

[189] Wu H, Liu D, Zhang H, et al. Solvothermal synthesis and optical limiting properties of carbon nanotube-based hybrids containing ternary chalcogenides [J]. Carbon, 2012, 50 (13): 4847-4855.

[190] Anand B, Podila R, Ayala P, et al. Nonlinear optical properties of boron doped single-walled carbon nanotubes [J]. Nanoscale, 2013, 5 (16): 7271-7276.

[191] Zeng Y, Wang C, Zhao F, et al. Two-photon induced excited-state absorption and optical limiting properties in a chiral polymer [J]. Appl. Phys. Lett., 2013, 102 (4): 043308.

[192] Lei H, Wang H Z, Wei Z C, et al. Photophysical properties and TPA optical limiting of two new organic compounds [J]. Chem. Phys. Lett., 2001, 333 (5): 387-390.

[193] Wang T M, Gao B, Wang Q, et al. A facile phosphine-free method for synthesizing PbSe nanocrystals with strong optical limiting effects [J]. Chem. Asian J., 2013, 8 (5): 912-918.

[194] Asunskis D J, Bolotin I L, Hanley L. Nonlinear optical properties of PbS nanocrystals grown in polymer solutions [J]. J. Phys. Chem. C, 2008, 112 (26): 9555-9558.

［195］ Zhao M, Peng R, Zheng Q, et al. Broadband optical limiting response of a graphene-PbS nanohybrid ［J］. Nanoscale, 2015, 7（20）: 9268-9274.

［196］ Liu X, Guo Q, Qiu J. Emerging low-dimensional materials for nonlinear optics and ultrafast photonics ［J］. Adv. Mater., 2017, 29（14）: 1605886.

［197］ Novoselov K S, Fal'ko V I, Colombo L, et al. A roadmap for graphene ［J］. Nature, 2012, 490（7419）: 192-200.

［198］ Wang J, Hernandez Y, Lotya M, et al. Broadband nonlinear optical response of graphene dispersions ［J］. Adv. Mater., 2009, 21（23）: 2430-2435.

［199］ Xu Y, Liu Z, Zhang X, et al. A graphene hybrid material covalently functionalized with porphyrin: synthesis and optical limiting property ［J］. Adv. Mater., 2009, 21（12）: 1275-1279.

［200］ Tan D, Liu X, Dai Y, et al. A universal photochemical approach to ultra-small, well-dispersed nanoparticle/reduced graphene oxide hybrids with enhanced nonlinear optical properties ［J］. Adv. Opt. Mater., 2015, 3（6）: 836-841.

［201］ Wang K, Feng Y, Chang C, et al. Broadband ultrafast nonlinear absorption and nonlinear refraction of layered molybdenum dichalcogenide semiconductors ［J］. Nanoscale, 2014, 6（18）: 10530-10535.

［202］ Zhang S, Dong N, McEvoy N, et al. Direct observation of degenerate two-photon absorption and its saturation in $WS_2$ and $MoS_2$ monolayer and few-layer films ［J］. ACS Nano, 2015, 9（7）: 7142-7150.

［203］ Jiang X F, Zeng Z, Li S, et al. Tunable broadband nonlinear optical properties of black phosphorus quantum dots for femtosecond laser pulses ［J］. Materials, 2017, 10（2）: 210.

［204］ Mak K F, Lee C, Hone J, et al. Atomically thin $MoS_2$: A new direct-gap semiconductor ［J］. Phys. Rev. Lett., 2010, 105（13）: 136805.

［205］ Splendiani A, Sun L, Zhang Y, et al. Emerging photoluminescence in monolayer $MoS_2$ ［J］. Nano Lett., 2010, 10（4）: 1271-1275.

［206］ Du Y, Ouyang C, Shi S, et al. Ab initiostudies on atomic and electronic structures of black phosphorus ［J］. J. Appl. Phys., 2010, 107（9）: 093718.

［207］ Prytz O, Flage-Larsen E. The influence of exact exchange corrections in van der Waals layered narrow bandgap black phosphorus ［J］. J. Phys.: Condens. Matter, 2010, 22（1）: 015502.

［208］ Edmonds M T, Tadich A, Carvalho A, et al. Creating a stable oxide at the surface of black phosphorus ［J］. ACS Appl. Mater. Interface, 2015, 7（27）: 14557-14562.

［209］ Zhang T, Wan Y, Xie H, et al. Degradation chemistry and stabilization of exfoliated few-layer black phosphorus in water ［J］. J. Am. Chem. Soc., 2018, 140（24）: 7561-7567.

［210］ Lu L, Tang X, Cao R, et al. Broadband nonlinear optical response in few-layer antimonene and antimonene quantum dots: a promising optical Kerr media with enhanced stability ［J］. Adv. Opt. Mater., 2017, 5 (17): 1700301.

［211］ Song Y, Chen Y, Jiang X, et al. Nonlinear few-layer antimonene-based all-optical signal processing: Ultrafast optical switching and high-speed wavelength conversion ［J］. Adv. Opt. Mater., 2018, 6 (13): 1701287.

［212］ Song Y, Liang Z, Jiang X, et al. Few-layer antimonene decorated microfiber: ultra-short pulse generation and all-optical thresholding with enhanced long term stability ［J］. 2D Mater., 2017, 4 (4): 045010.

［213］ Ares P, Zamora F, Gomez-Herrero J. Optical identification of few-layer antimonene crystals ［J］. ACS Photonics, 2017, 4 (3): 600-605.

［214］ Tao W, Ji X, Xu X, et al. Antimonene quantum dots: Synthesis and application as near-infrared photothermal agents for effective cancer therapy ［J］. Angew. Chem. Int. Ed., 2017, 56 (39): 11896-11900.

［215］ Lei W, Mochalin V N, Liu D, et al. Boron nitride colloidal solutions, ultralight aerogels and freestanding membranes through one-step exfoliation and functionalization ［J］. Nat. Commun., 2015, 6: 8849.

［216］ Biswas Y, Dule M, Mandal T K. Poly (Ionic Liquid) -Promoted Solvent-Borne Efficient Exfoliation of $MoS_2/MoSe_2$ Nanosheets for Dual-Responsive Dispersion and Polymer Nanocomposites ［J］. J. Phys. Chem. C, 2017, 121 (8): 4747-4759.

［217］ Cullen P L, Cox K M, Bin Subhan M K, et al. Howard, Ionic Solutions of Two-Dimensional Materials ［J］. Nat. Chem., 2017, 9 (3): 244-249.

［218］ Dou Y H, Xu J T, Ruan B Y, et al. Atomic layer-by-layer $Co_3O_4/$graphene composite for high performance lithium-ion batteries ［J］. Adv. Energy Mater., 2016, 6 (8): 1501835.

［219］ Gu J, Du Z, Zhang C, et al. Pyridinic nitrogen-enriched carbon nanogears with thin teeth for superior lithium storage ［J］. Adv. Energy Mater., 2016, 6 (18): 1600917.

［220］ Liu J, Liu Y, Liu N, et al. Metal-free efficient photocatalyst for stable visible water splitting via a two-electron pathway ［J］. Science, 2015, 347 (6225): 970-974.

［221］ Meng L, Zhang Y, Wan X, et al. Organic and solution-processed tandem solar cells with 17.3% efficiency ［J］. Science, 2018, 361 (6407): 1094-1098.

［222］ Park K H, An A, Jung S, et al. The use of an n-type macromolecular additive as a simple yet effective tool for improving and stabilizing the performance of organic solar cells ［J］. Energ. Environ. Sci., 2016, 9 (11): 3464-3471.

［223］ Cheng P, Li Y, Zhan X, Efficient ternary blend polymer solar cells with indene-$C_{60}$ bisadduct as an electron-cascade acceptor [J]. Energ. Environ. Sci., 2014, 7 (6): 2005.

[224] Lee J M, Lim J, Lee N, et al. Synergistic concurrent enhancement of charge generation, dissociation, and transport in organic solar cells with plasmonic metal-carbon nanotube hybrids [J]. Adv. Mater., 2015, 27 (9): 1519-1525.

[225] Stylianakis M M, Konios D, Kakavelakis G, et al. Efficient ternary organic photovoltaics incorporating a graphene-based porphyrin molecule as a universal electron cascade material [J]. Nanoscale, 2015, 7 (42): 17827-17835.

[226] Moon B J, Oh Y, Shin D H, et al. Facile and purification-free synthesis of nitrogenated amphiphilic graphitic carbon dots [J]. Chem. Mater., 2016, 28 (5): 1481-1488.

[227] Li Y, Xu Z, Zhao S, et al. Enhanced carrier dynamics of PTB7:$PC_{71}$BM based bulk heterojunction organic solar cells by the incorporation of formic acid [J]. Org. Electron., 2016, 28: 275-280.

[228] Wang L, Zhao S, Xu Z, et al. Integrated effects of two additives on the enhanced performance of PTB7:$PC_{71}$BM polymer solar cells [J]. Materials, 2016, 9 (3): 171.

[229] Han P L, Viterisi A, Ferre-Borrull J, et al. Morphology-driven photocurrent enhancement in PTB7/$PC_{71}$BM bulk heterojunction solar cells via the use of ternary solvent processing blends [J]. Org. Electron., 2017, 41: 229-236.

[230] Yin H, Cheung S H, Ngai J H L, et al. Thick-film high-performance bulk-heterojunction solar cells retaining 90% PCEs of the optimized thin film cells [J]. Adv. Electron. Mater., 2017, 3 (4): 1700007.

[231] Zhou L, Lin H, Chen X, et al. Novel brominated compounds using in binary additives based organic solar cells to achieve high efficiency over 10.3% [J]. Org. Electron., 2017, 50: 507-514.

[232] Lee W, Jeong S, Lee C, et al. Self-organization of polymer additive, poly (2-vinylpyridine) via one-step solution processing to enhance the efficiency and stability of polymer solar cells [J]. Adv. Energy Mater., 2017, 7 (17): 1602812.

[233] Zhou W, Ai Q, Zhang L, et al. Crystalline and active additive for optimization morphology and absorption of narrow bandgap polymer solar cells [J]. J. Polym. Sci., Part A: Polym. Chem., 2017, 55 (4): 726-733.

[234] Mihailetchi V D, Koster L J, Hummelen J C, et al. Photocurrent generation in polymer-fullerene bulk heterojunctions [J]. Phys. Rev. Lett., 2004, 93 (21): 216601.

[235] Kyaw A K K, Wang D H, Gupta V, et al. Intensity dependence of current-voltage characteristics and recombination in high-efficiency solution-processed small-molecule solar cells [J]. ACS Nano, 2013, 7 (5): 4569-4577.

[236] Schilinsky P, Waldauf C, Brabec C J. Recombination and loss analysis in polythiophene based bulk heterojunction photodetectors [J]. Appl. Phys. Lett., 2002, 81 (20): 3885-3887.

[237] Lou S J, Szarko J M, Xu T, et al. Effects of additives on the morphology of solution phase aggregates formed by active layer components of high-efficiency organic solar cells [J]. J. Am. Chem. Soc., 2011, 133 (51): 20661-20663.

[238] Savagatrup S, Printz A D, O'Connor T F, et al. Mechanical degradation and stability of organic solar cells: molecular and microstructural determinants [J]. Energ. Environ. Sci., 2015, 8 (1): 55-80.

[239] Li N, Perea J D, Kassar T, et al. Abnormal strong burn-in degradation of highly efficient polymer solar cells caused by spinodal donor-acceptor demixing [J]. Nat. Commun., 2017, 8: 14541.

[240] Guo Y, Lei H, Xiong L, et al. Single phase, high hole mobility $Cu_2O$ films as an efficient and robust hole transporting layer for organic solar cells [J]. J. Mater. Chem. A, 2017, 5 (22): 11055-11062.

[241] Lin M Y, Lee C Y, Shiu S C, et al. Sol-gel processed $CuO_x$ thin film as an anode interlayer for inverted polymer solar cells [J]. Org. Electron., 2010, 11 (11): 1828-1834.

[242] Steirer K X, Ndione P F, Widjonarko N E, et al. Enhanced efficiency in plastic solar cells via energy matched solution processed $NiO_x$ interlayers [J]. Adv. Energy Mater., 2011, 1 (5): 813-820.

[243] Zilberberg K, Trost S, Meyer J, et al. Inverted organic solar cells with sol-gel processed high work-function vanadium oxide hole-extraction layers [J]. Adv. Funct. Mater., 2011, 21 (24): 4776-4783.

[244] Pattanasattayavong P, Mottram A D, Yan F, et al. Study of the Hole Transport Processes in Solution-Processed Layers of the Wide Bandgap Semiconductor Copper (Ⅰ) Thiocyanate (CuSCN) [J]. Adv. Funct. l Mater., 2015, 25 (43): 6802-6813.

[245] Li M, Gao K, Wan X, et al. Solution-processed organic tandem solar cells with power conversion efficiencies >12% [J]. Nat. Photonics, 2016, 11 (2): 85-90.

[246] Riedel I, Parisi J, Dyakonov V, et al. Effect of temperature and illumination on the electrical characteristics of polymer-fullerene bulk-heterojunction solar cells [J]. Adv. Funct. Mater., 2004, 14 (1): 38-44.

[247] Kyaw A K, Wang D H, Wynands D, et al. Improved light harvesting and improved efficiency by insertion of an optical spacer (ZnO) in solution-processed small-molecule solar cells [J]. Nano Lett., 2013, 13 (8): 3796-3801.

[248] Wang Z, Hong Z, Zhuang T, et al. High fill factor and thermal stability of bilayer organic

photovoltaic cells with an inverted structure [J]. Appl. Phys. Lett., 2015, 106 (5): 053305.

[249] Leever B J, Bailey C A, Marks T J, et al. In situ characterization of lifetime and morphology in operating bulk heterojunction organic photovoltaic devices by impedance spectroscopy [J]. Adv. Energy Mater., 2012, 2 (1): 120-128.

[250] Ecker B, Egelhaaf H J, Steim R, et al. Understanding S-shaped current-voltage characteristics in organic solar cells containing a $TiO_x$ interlayer with impedance spectroscopy and equivalent circuit analysis [J]. J. Phys. Chem. C, 2012, 116 (31): 16333-16337.

[251] Wang Z, Zhang R, Zhao M, et al. High-yield production of stable antimonene quantum sheets for highly efficient organic photovoltaics [J]. J. Mater. Chem. A, 2018, 6 (46): 23773-23779.

[252] Mihailetchi V D, Wildeman J, Blom P W. Space-charge limited photocurrent [J]. Phys. Rev. Lett., 2005, 94 (12): 126602.

[253] Zhang X, Li W, Ling Z, et al. Facile synthesis of solution-processed $MoS_2$ nanosheets and their application in high-performance ultraviolet organic light-emitting diodes [J]. J. Mater. Chem. C, 2019, 7 (4): 926-936.

[254] Van Le Q, Nguyen T P, Park M, et al. Bottom-up synthesis of $MeS_x$ nanodots for optoelectronic device applications [J]. Adv. Opt. Mater., 2016, 4 (11): 1796-1804.

[255] Kwon K C, Kim C, Le Q V, et al. Synthesis of atomically thin transition metal disulfides for charge transport layers in optoelectronic devices [J]. ACS Nano, 2015, 9 (4): 4146-4155.

[256] Zheng Q, You F, Xu J, et al. Solution-processed aqueous composite hole injection layer of $PEDOT:PSS+MoO_x$ for efficient ultraviolet organic light-emitting diode [J]. Org. Electron., 2017, 46: 7-13.

[257] Zhang X, You F, Liu S, et al. Exceeding 4% external quantum efficiency in ultraviolet organic light-emitting diode using $PEDOT:PSS/MoO_x$ double-stacked hole injection layer [J]. Appl. Phys. Lett., 2017, 110 (4): 043301.

[258] Zhu Y, Hao Y, Yuan S, et al. Improved light outcoupling of organic light-emitting diodes by randomly embossed nanostructure [J]. Synth. Met., 2015, 203: 200-207.

[259] Koo W H, Jeong S M, Araoka F, et al. Light extraction from organic light-emitting diodes enhanced by spontaneously formed buckles [J]. Nat. Photonics, 2010, 4 (4): 222-226.

[260] Zhao M, Liu K, Zhang Y D, et al. Singlet fission induced giant optical limiting responses of pentacene derivatives [J]. Mater. Horiz., 2015, 2 (6): 619-624.

[261] Feng M, Zhan H, Chen Y, Nonlinear optical and optical limiting properties of graphene families [J]. Appl. Phys. Lett., 2010, 96 (3): 033107.

[262] Tutt L W, Boggess T F. A review of optical limiting mechanisms and devices using organics,

fullerenes, semiconductors and other materials [J]. Prog. Quant. Electron., 1993, 17 (4): 299-338.

[263] Philip R, Chantharasupawong P, Qian H, et al. Evolution of nonlinear optical properties: from gold atomic clusters to plasmonic nanocrystals [J]. Nano Lett., 2012, 12 (9): 4661-4667.